種籽文化

種籽文化

世界第一商人

# 猶太人的經商祕訣

不要再盲目相信
「有錢人想的跟你不一樣」
這種打擊自己信心的話！

## Jewish
## Business Secrets

不要羨慕別人的財富，要學習的是有錢人的想法；不要輕視自己的實力，財富不過是觀念、態度轉變的一瞬間。

**看到時機**固然**重要**，
**把握時機**更為**重要**！

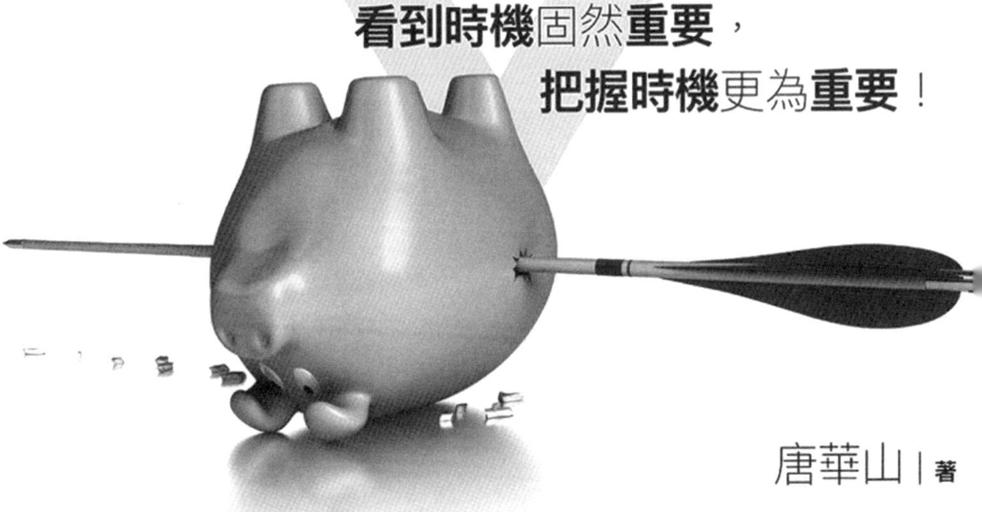

唐華山 著

# 目錄

## 第二章 唯一的財富就是智慧 47

錢存在銀行裏短期是最安全，但長期卻是最危險的理財方式。

## 第三章 從0到一有多遠？ 99

從0到一的距離，大於從一到一〇〇〇的距離。

## 第四章 不可思議的「契約之民」 149

魚離開水就會死亡，人沒有禮儀便無法生存，而不講誠信則會受煉獄的懲罰。

## 第五章



人固然不得撒謊，但有些實情必須予以隱瞞。

## 第六章 任何東西都是商品 243

任何東西到了商人手裏，都要變成商品。

# 前言

就世界範圍內的優秀商人而言，以美國為最，而在最傑出的美國商人當中，猶太人可冠翹楚。

憑藉天才般的商業才華，猶太人成為全球企業界公認的「世界第一商人」。在世界民族之林中，很難再找到一個民族像猶太民族那樣，在五千多年的歷史中，竟有二千多年流離失所，行走天涯，且屢遭屠戮。他們總是能憑藉著自己神奇的經商智慧而擁有巨額的財富。有了財富，他們就獲得了統治者眼裏的價值，也就獲得了自己生存的條件。某種意義上來說，是天才般的商業才華為他們贏得了尊嚴和生存的權利。

在有史以來世界上最富有的商業巨擘中，猶太人燦若群星。從控制歐洲金融命脈的羅斯柴爾德到華爾街超級富豪摩根，從紅色資本家哈默到世界上第一個億萬巨富洛克菲勒，從金融大亨索羅斯到股神巴菲特，從鑽石大王彼德森到私人承辦奧運會的尤伯羅斯，不勝枚舉的猶太商業鉅子令世人翹首矚目。這樣一個偉大的民族，自然讓世界為之震驚，並引起了世人廣泛的關注與研究。本書是筆者在擁有大量資料的基礎上，對猶太人的商業理念及經營技巧，進行的詳盡介紹與剖析，力圖對猶太人的經商智慧做一個全方位的立體展示。堪稱一書在手，「世界第一商人」經商秘訣盡覽。

衷心希望本書能夠對您的職業生涯有所幫助。

# 第一章

# 每寸土地都能生長出黃金來

傷害人們的東西有三：煩惱、爭吵、空錢包，其中以空錢包為最。

猶太人愛錢，並給金錢以全新的定義：

「上帝賜予光明，金錢散發溫暖。」

「錢不是罪惡，也不是詛咒，錢會祝福人的。」

「錢會給予我們向神購買禮物的機會。」

「身體依心而生存，心則依靠錢包而生存。」

在這種觀念引導下，猶太人得以不遮不掩、堂堂正正、大大方方的向「錢」進軍。如此文化背景下的猶太人賺錢時，思想上無需遲疑的講求實際，只要形式上不逾矩，他們無所不為，在他們眼裏，金錢就是世俗的上帝。

# 帶個口信到天堂

狄奧立・菲勒是個頗具傳奇色彩的猶太人，他出生在一個貧民窟裏，和所有出生在貧民窟的孩子一樣，他爭強好鬥，也喜歡逃學。唯一不同的是，菲勒有一種天生會賺錢的眼光。他把一輛從街上撿來的玩具車修理好，讓同學們玩，然後向每人收取一美元，他竟然在一個星期內賺回一輛新的玩具車。菲勒的老師對他說：「如果你出生在富人家庭，你會成為一個出色的商人。但是，這對你來說已是不可能的，你能成為街頭商販就不錯了。」

中學畢業後，菲勒真的成了一名商販。正如他的老師所說的，與貧民窟的同年齡人相比，他已經相當出色了。

他賣過五金、電池、檸檬水，每一樣他都能做到得心應手。

菲勒起家靠的是一堆絲綢。這些絲綢來自日本，因為在海上輪船運輸當中遭遇風暴，這些絲綢被染料浸濕了，數量足足有一噸之多。這些被浸染的絲綢成了日本人頭痛的東西，他們想處理掉，卻無人問津，於是想搬運到港口，扔進垃圾箱，但又怕被環境部門處罰。於是，日本人打算在回程路上把絲綢拋扔到大海裏。

港口的一個地下酒吧，是菲勒夜晚的樂園，他每天都來這裡喝酒。那天，菲勒喝醉了，當他步履蹣跚的走到幾位日本海員旁邊時，海員們正在與酒吧的服務生說那些令人討厭的絲綢。說者無心，聽者有意，他感到機會來了。

第二天，菲勒來到輪船上，用手指著停在港口的一輛卡車對船長說：「我可以幫助你們把這些沒有用的絲綢處理掉。」結果，他不用花費任何代價，便擁有了這些被化學染料浸溼過的絲綢。然後，他把這些絲綢製成迷彩服、迷彩領帶和迷彩帽子。幾乎在一夜之間，他靠這些絲綢擁有了十萬美元的財富。

從此，菲勒不再是商販，而成為了一名商人。

有一次，菲勒在郊外看上了一塊土地。他找到土地的主人，說他願意花十萬美元買下來。土地的主人拿到十萬美元後，心裏嘲笑他真愚蠢：這樣偏僻的地段，只有傻子才會出這麼高的價錢！

令人意想不到的是，一年後，市政府宣布將在郊外建造環城公路。不久，菲勒的土地升值了一百五十倍。城裏的一位地產富豪找到他，願意出二千萬美元購買他的土地，富豪想在這裡建造一個別墅群。但是，菲勒並沒有將他的土地賣掉，他笑著告訴富豪：「我還想等等，因為我覺得這塊土地應該值更多。」

果然，三年後，菲勒把這塊土地賣到二千五百萬美元。從此，他成了新貴，可以像上層人士一樣出入高貴的場所。他的同行們很想知道他當初是如何獲得這些訊息的，甚至懷疑他和市政府的官員有來往，但結果卻令他們很失望，因為菲勒並沒有一位在市政府任職的朋友。

菲勒仍然在按照著自己的方式創造奇蹟。菲勒活了七十七歲，臨死前，他讓秘書在報紙上發布了一個訊息，說他即將去天堂，願意給逝去親人的人帶口信，每人收費一百塊美元。這一看似荒唐的訊息，卻引起了無數人的好奇心，結果他賺了十萬美元。如果他能在病床上多堅持幾天，可能賺得還會更多一些。他的遺囑也十分特別，他讓秘書再登一則廣告，說他是一位禮貌的紳士，願意和一個有氣質教養的女士同臥一個墓穴。結果，一位貴婦人願意出資五萬美元和他一起長眠。

猶太人之所以成為巨大財富的擁有者，就在於他們有一個善於思考的大腦。其實，賺錢的途徑很多，只不過每個賺錢的途徑都被蒙上一層薄薄的窗戶紙，你只要擁有一根能捅破窗戶紙的「智慧手指」就可以了。

# 在金錢面前坦蕩無邪

一個晴朗的夏日，一個髒亂的火車候車室內，坐著一位衣著隨便、滿臉疲態的老人。

火車進站，老人起身向檢票口走去。

忽然，候車室外走來一個肥胖的太太，她提著一只很大的箱子，顯然也要趕這班列車，可是箱子太重，累得她氣喘如牛。

她看到了那個老人，向他大喊：「喂！老頭，快幫我提箱子，我待會給你小費！」

老人拎過箱子便朝著檢票口走，雖然看起來他是那麼的不堪重負。

火車慢慢啟動了。肥胖的太太擦了一把汗，慶幸的說：「要不是你，我非誤車不可。」說著，掏出了一塊美元遞給老人。

老人並沒有推辭，微笑著伸手接過。

這時，列車長走了過來，對老人說：「您好，尊敬的洛克菲勒先生，歡迎您乘坐本次列車，如果有需要幫助的地方，我很樂意為您效勞。」

「謝謝，不用了，我只是剛剛做了一個為期三天的徒步旅行，現在我要回紐約總部。」老人客氣的回答。

「什麼？洛克菲勒？」肥胖的太太驚叫起來，「上帝，我竟然讓石油大王洛克菲勒先生給我提箱子，居然還給了他一塊美元小費，我這是在幹什麼啊？」

她急忙向洛克菲勒道歉，並誠惶誠恐的請洛克菲勒把那一塊美元退還給她。

「太太，妳不必道歉，妳根本沒有做錯什麼。」洛克菲勒微笑的說著，「這一美元，是我賺的，所以我收下了。」說著，洛克菲勒把那一塊美元慎重的放在了口袋裏。

猶太人對金錢既沒有敬之如神，也沒有惡之如鬼，更沒有既想有錢又羞於賺錢的尷尬心理。他們認為，金錢是乾乾淨淨、平平常常的，所以賺錢是大大方方、堂堂正正的行為，根本無需遮遮掩掩。

以錢為生，這只是猶太人樸素而又自然的生活方式。而且，他們認為，只要有錢可賺，就不要拒絕。我們再來看一則故事：

一位無神論者來看望拉比。

「您好！拉比。」無神論者說。

「您好。」拉比回禮。

無神論者拿出一個金幣給拉比，拉比二話沒說，接過來就裝進了自己的口袋裏。

「毫無疑問你想讓我幫你做一些事情，」拉比說，「也許你的妻子不孕，你想讓我幫她祈禱。」

「不是，拉比，我現在還沒結婚呢？」無神論者回答。

於是他又給了拉比一個金幣，拉比二話沒說，接過後同樣又裝進了自己的口袋。

「但是你一定有些事情想問我，」拉比說，「也許你犯下了罪行，希望上帝能開脫你。」

「不是，拉比，我沒有犯過任何罪行。」無神論者回答。

他又一次給拉比一個金幣，拉比二話沒說，接過後再一次裝進了自己的口袋。

「也許你的生意不好，希望我為你祈福？」拉比期待的問。

「不是，拉比，我今年是個豐收年。」無神論者回答。

他又給了拉比一個金幣。拉比又像前三次一樣，把金幣裝進了自己的口袋。

「那你到底想讓我幹什麼？」拉比迷惑的問。

「什麼都不做，真的什麼都不做，」無神論者回答，「我只是想看看一個人什麼都不做，光拿錢能撐多長時間！」

「錢就是錢，不是別的。」拉比回答說，「我拿著錢就像是拿著一張紙、一塊石頭一樣，只要有得拿，我是不會拒絕。」

猶太人由於把金錢看做一張紙、一塊石頭，保持著一種平常的心，才不會將其視若鬼神，也不把它分為乾淨或者骯髒，在他們心中錢就是錢，一件平常之物。

猶太人用全部智慧孜孜以求的去取得金錢，能夠如願當然更好；賺不到或失去它，也不會痛不欲生。正是這種淡然之心，使得猶太人在險惡的商海中馳騁自如，臨亂不慌，取得了世人羨慕的成績。

猶太人認為賺錢是天經地義，是最自然不過的事，如果能賺到的錢不賺，那簡直就是對錢犯了罪，是要遭上帝的懲罰的，哪怕僅僅是很小很小的數額。

猶太人喜歡金錢，且永遠不隱瞞自己愛錢的天性。所以世人在對其大加指責時，又深深折服於猶太人在金錢面前的坦蕩無邪。只要認為是可行的賺法，猶太人就一定要賺，賺錢是天然合理，賺到錢才算是真聰明、大智慧。

# 可以調侃上帝，但永遠不調侃金錢

猶太人是信仰上帝的，但他們絕不盲信。比如，當拉比要求人們信仰上帝並讚美上帝時，照樣會有人站出來當面抗議，他會說：「上帝並沒有為我們猶太人做過什麼啊，他不應該獲此殊榮！」

馬克思曾經為猶太人畫了一幅絕妙的肖像：「現在讓我們來觀察一下現實的世俗的猶太人吧……猶太人的世俗基礎是什麼呢？實際需要，自私自利。猶太人的世俗偶像是什麼呢？做生意。他們的世俗上帝是什麼呢？金錢。」

猶太民族是個幽默而機智的民族，他們滿嘴是精明而風趣的笑話，他們調侃上帝，但是永遠不調侃金錢，因為金錢在他們的心目中是神聖的。

有一次，勞瑞向格林開口借錢：

「格林，眼下我手頭有點緊，可以借給我一萬塊嗎？」

「親愛的勞瑞，當然可以。」

「那你要幾分的利息？」

「9。」

「啊！9。」勞瑞叫起來，「你發瘋了，怎麼可以向一個教友要9分的利息呢？如果上帝從天上看下來，他對你會有什麼想法？」

「上帝從天上看下來時，9像個6。」

勞瑞無言以對。

猶太人幾乎用很隨意的口氣，像談論鄰人一樣談論上帝。但他們對金錢卻永遠是認真而虔誠的，他們永遠不調侃金錢。因為金錢對猶太人而言，是比天國的精神上帝更為實在的世俗上帝。對注重現實生活的猶太人而言，對必須靠錢生活的猶太人而言，是世俗上帝—金錢得以使他們的肉體生存，也只有在世俗上帝保證肉體生存之後，他們才能膜拜精神上帝，追求高貴的精神生活。

因此，對猶太人而言，金錢就是一切，只有擁有金錢，一切才會是美好的。

在悲慘的歷史遭遇中，猶太人隱藏著內心的痛楚，精心侍奉他們的世俗上帝。於是，猶太人把每一次迫害都當做是一次挑戰，在困苦的環境中，他們艱難的尋找商機，急忙奔波，或買或賣，苦苦的把經商當做生存的手段。並憑藉他們天才般的商業才華，獲得了舉世無雙的商業成就。

在長久的商業征戰中，猶太人深深的體悟到：商場就是戰場，精明的商家會想盡一切辦法賺取利潤，而不會摻入過多的人情因素。某種意義上講，想在商業上有所成就，就要「無情」，心太軟的人是不太可能斂聚巨額財富的。

# 金錢是世俗的上帝

由於猶太人所處的社會背景和生活環境的特殊性，使得他們對金錢形成許多獨特、深刻的看法。猶太人通常把金錢當做是世俗的上帝，他們認為，在這個世界上，除了上帝之外，就只有金錢最值得人尊敬和重視。

在猶太人的第二「聖經」《塔木德》中，有許多關於金錢的格言：猶太人幾乎用很隨意的口氣，像談論鄰人一樣談論上帝。但他們對金錢卻永遠是認真而虔誠的，他們永遠不調侃金錢。

因為金錢對猶太人而言，是比天國的精神上帝更為實在的世俗上帝。

「上帝賜予光明，金錢散發溫暖。」

「傷害人們的東西有三：煩惱、爭吵、空錢包，其中以空錢包為最。」

「一旦錢幣叮噹做響，壞話便停止。」

「錢不是罪惡，也不是詛咒，它在祝福著人們。」

「錢會給予我們向神購買禮物的機會。」

「賺錢不難，用錢不易。」

「金錢可能是不慈悲的主人，但絕對是能幹的奴僕。」

「用錢去敲門，沒有不開的。」

「身體依心而生存，心則依靠錢包而生存。」

「金錢雖非盡善盡美，但也不致於使事物腐敗。」

「並不一定貧窮人什麼都對，富有人什麼都不對。」

「金錢對人所做的和衣服對人所做的相同。」

「讚美富有的人，並不是讚美人，而是讚美錢。」

從這些格言中不難看出猶太人的金錢觀，他們把金錢視為工具。世人為此對他們大加諷刺，但猶太人並不在乎別人怎樣評論與譏諷，只一如既往的埋頭賺錢。

為了賺錢，猶太人費盡心機，我們不妨先來看一則石油大王洛克菲勒的故事。

十九世紀初期，有一對叫梅利特的德國兄弟移居到美國的密莎比定居。一個偶然的機會，梅利特兄弟發現密莎比是一片含鐵豐富的礦區。這對兄弟欣喜若狂，連忙用積賺多年的錢，秘密的大量購買土地，並成立了鐵礦公司。

洛克菲勒雖然知道得也很早，但可惜晚了梅利特兄弟一步，肥肉已經被他們買走，無奈的洛克菲勒只好等待時機。

機會終於來了！一八三七年，由於美國發生了經濟危機，市面上銀根告緊，梅利特兄弟像當時的很多公司一樣，陷入了經濟困境。

洛克菲勒在第一時間委託一位朋友去打探情況。他的這個朋友是一位令人尊敬的本地牧師。

梅利特兄弟趕緊把他請進家中，待為上賓。聊天中，梅利特兄弟的話題不免從國家的經濟危機談到了自己的困境。

牧師聽到這裡，連忙接過話題，熱情的說：「你們怎麼到現在才告訴我呢？早點說嘛，我可以助你們一臂之力！」

走投無路的梅利特兄弟大喜過望，忙問：「難道您有什麼辦法？」

牧師說：「我的一位朋友是個大財主，看在我的情面上，他肯定會答應借給你們一筆金錢的。你們需要多少？」

「有四十二萬美元就可以。可是，您真的有把握嗎？」梅利特兄弟的感覺就像是天上掉下來的禮物一樣。

「放心吧，一切交由我來辦。」牧師拍著胸脯保證。

梅利特兄弟小心翼翼的問：「那麼，利息是多少啊？」他們認為肯定是高利息。不料牧師卻說：「我們這是什麼交情啊！怎麼能要你們的利息呢？」

「不行！利息還是要算的，你能幫我們借到錢，我們就已經非常感謝了，哪裡有不付利息的呢？」梅利特兄弟誠懇的說。

於是牧師就說：「那好吧，就算低利息，比銀行的利率低二釐，怎麼樣？」這樣的利息真是太低了。兩兄弟以為是在夢中，一時呆住了。牧師見狀，忙拿出筆墨，讓他們立字為據：「今有梅利特兄弟借到考爾貸款四十二萬美元整，利息二釐，空口無憑，特立此據為證。」

梅利特兄弟又把字據念了一遍，覺得一切無誤，就高高興興的在借據上簽了名。事過半年，牧師再次來到了梅利特兄弟的家裏，他滿臉歉意的對梅利特兄弟說：「我的那個朋友是洛克菲勒，今天早上他來了一封電報，要求馬上要索回那筆借款。」

此時，梅利特兄弟早已把錢用在了礦產上，根本毫無償還能力，於是他們就無可奈何的被洛克菲勒送上了法庭。

在法庭上，洛克菲勒的律師說：

「借據上寫得非常清楚，被告借的是考爾貸款。在這裡我有必要敘述一下考爾貸款的性質，考爾貸款是一種貸款人隨時可以索回的貸款，所以它的利息低於一般貸款利息。按照我們國家的法律，對這種貸款，一旦貸款人要求還款，借款人要嘛立即還款，要嘛宣布破產，二者必居其一。」

於是，梅利特兄弟只好選擇宣布破產，將礦產賣給洛克菲勒，賠償五十二萬美元。幾年之後，美國經濟復甦，鋼鐵業內部競爭也激烈起來，洛克菲勒以一千九百四十一萬美元的價格把密莎比礦產賣給了摩根，而摩根還覺得自己撿了一個大便宜。

本分的人看了這個故事，也許會說洛克菲勒沒有商業道德，但在商人的眼中，這卻是一個絕佳的擴張範例。經商的最高目的是賺錢，其遊戲規則是只受法律約束而不受道德限制的。所以，在猶太商人的心目中，只要生意是合法的，就是正當的。

猶太人在斂聚金錢方面的巨大成功，讓其他民族刮目相看，並爭相向猶太人學習。從這個意義上講，猶太民族無疑是當今世界上最優秀、最聰明、最先知的民族了。

# 每一寸土地都能生長出黃金來

希爾頓飯店帝國的建立者、飯店大王希爾頓也是一個猶太人，他的商業信條是：「我要使每一寸土地都生長出黃金來！」

沒有人懷疑希爾頓是商業天才，在他所有的商業才能中，人們最佩服的就是他獨特的商業眼光：他管理的每一寸土地都不會休眠，都能最大限度的為他生長出黃金來。

我們來看一個經典例子。

那是在希爾頓以高價買下華爾道夫阿斯托里亞大飯店的控制權之後，他又以最快的速度接手管理了這家紐約著名的飯店。飯店的生意日漸好轉，當所有的管理人員都認為已經充分利用了飯店的一切生財手段、再無遺漏可尋時，希爾頓依舊像園丁一樣，一言不發的找到可能被疏忽閒置的土地。

員工們注意到，希爾頓的腳步時常在飯店前台有所停頓，他的眼光像鷹一樣，經常注視著大廳中央巨大的圓柱。當他一次次在這些圓柱周圍徘徊時，大家都在猜測：又有什麼旁人意想不到的高招正在他的腦海裏醞釀著！

希爾頓透過研究這些柱子的構造後，發現這四個空心圓柱在建築結構上沒有支撐天花板的力學價值。那麼它們存在的意義是什麼呢？僅僅是沒有實用價值的裝飾！一箭只射一雕—這在希爾頓眼中是不能容忍的。

於是，他叫人把它們迅速改造成四個透明玻璃柱，並在其中裝設了漂亮的系列玻璃展箱。這回，這四根圓柱就不僅僅是裝飾性的了，而成為絕妙的廣告發布和產品陳列平台—這個新奇的創意吸引了往來客人的駐足停留。沒有幾天，紐約那些精明的珠寶商和香水製造廠家便把它們全部包租下來，紛紛把自己的產品擺了進去。而希爾頓坐享其成，每年淨收可觀的租金。

說到底，財富屬於有創意的人。而這種創意又來自於強烈的進取心和大膽的想像，一個好點子可以讓貧瘠的土地為你生長出黃金，而因循守舊者即使擁有肥沃的土地也往往收穫不了什麼。

# 「垃圾富翁」

約翰・蘭高斯是美國的「垃圾富翁」。他曾持有全美最大垃圾處理公司CHAMBERSDW-EL-OPMNT市值十七億美元股票中的五點四六億美元股票。

蘭高斯一九二九年出生於匹茲堡，是猶太裔美國人。他的童年是在父母婚姻不幸的陰影下度過的。高中畢業後，他考進了休士頓商務學院，但讀了一年便被徵召入伍。一九五四年韓戰結束後，他做了推銷員。

在二十世紀五〇年代，以生產煤炭和鋼鐵著稱的工業城市匹茲堡，焦炭灰堆積如山。經過調查研究，他發現焦炭灰含有可再繼續燃燒的焦炭，其餘不能再燃燒的廢物，還可用於製造防滑材料或作鋪路和製造煤渣建築板的原料。於是，從一九六〇年開始，他便著手創立自己的垃圾處理事業。經過幾年苦心經營，他的小本生意蒸蒸日上，業務範圍逐漸擴大：先是回收焦炭灰，繼而收集鋼鐵廢渣，然後是火力發電廠的煤渣。一九六九年，蘭高斯收購了CHAM-BEKS垃圾處理公司，他的事業開始走上平順。

到了二十世紀七〇年代中期，蘭高斯的事業進入了一個嶄新階段。當時，市區垃圾主要由諸如廢料管理公司一類的大機構用大貨車收集，然後運往垃圾堆填區傾倒。蘭高斯認為處理市區垃圾大有可為，尤其是購置和經營垃圾堆填區。根據多年經營煤渣處理場的經驗，他開始積極購置垃圾堆填區，並收購小型的垃圾收集公司。

自一九八一年以來，蘭高斯的垃圾處理公司每年的營業額和利潤增長率超過五〇%，一九九〇年分別增至二點五八億美元和三千四百萬美元。該公司當時在全美擁有和經營著幾十個垃圾堆填區，每日可處理垃圾二千五百噸，一九九一年營業額突破三億美元。為維持高增長率，雄心勃勃的蘭高斯已為公司制定了下一個目的：就是清理受污染的土壤和諸如鋼鐵廠廢棄物一類受污染的材料。此類受污染的材料估計每年高達七十二億噸，而城市垃圾每年才有一點八億噸。

精明的猶太人認為，別人丟棄或不看好的東西，並不代表它沒有價值，它往往蘊藏著巨大的潛在價值，你要想攫取這些價值，只要擁有一雙發現它的眼睛就夠了。正是借助這種超脫的商業意識，許許多多的猶太人在不起眼的行業，甚至是讓人鄙視的行業中取得了非凡的成就，取得了一般人想都不敢想像的巨額財富。

# 財富要造福於人

在一個小鎮上，一個富人死了。

全鎮的人都為他哀悼，並跟隨他的棺材到了墓地。當他的棺材被放進墳墓時，四處都是哭泣、哀嘆聲。據鎮上最老的居民回憶，就連教士和聖人死去時，人們也都沒有如此悲哀。

正巧第二天鎮上的另一個富人也死了。他的性格和生活方式正好與前一個富人相反。他節儉禁慾，只吃乾麵包和蘿蔔。他一生對宗教都很虔誠，成天在豪華的研究室內學習法典。可是，他死後，除了他的家人外，沒有人為他哀悼。他的葬禮冷冷清清，只有幾個人在場。

鎮上恰好來了個陌生人，他對此迷惑不解，就問道：「請向我解釋一下這個城鎮奇怪的行為吧。他們尊敬一個無恥的人，而忽略一個聖人。」

一個鎮上的居民回答說：

「昨天下葬的那個富人，雖然他是個色鬼和酒鬼，但卻是鎮上最大的施益者。他性格隨和、開朗，喜歡生活中的一切好東西。實際上鎮上的每一個人都從他那裡獲益。他向一個人買酒，向另一個人買雞，向第三個人買鵝，向第四個人買奶酪。他出手還十分大方，這就是為什麼我們每個人都想念他，哀悼他的原因。」

「可是那個所謂的好富人又有什麼用呢？他成天吃麵包和蘿蔔，沒人能從他身上賺到一分錢。相信我吧，沒有人會想念他的。」

這就是在外人看來，多少有些難以理解的猶太人的金錢哲學。他們認為，當財富無法帶給周圍的人好處時，那它就是失敗的。所以猶太人在賺錢的時候，會全力施為，想盡一切辦法；但金錢到手後，他們也會大方的享受金錢帶給自己的樂趣，並造福於他人。在他們看來，金錢是被他們完全駕馭的奴僕。

在猶太人看來，賺錢的目的有二，一為實現個人價值，二是為了享受生活。他們認為，沒有空閒去享受生活，以及不會合理安排時間的人，不會是個聰明人。

猶太人認為，要賺錢，首先要從珍惜時間開始，在有了賺錢的時間後，還要在賺錢中要合理的使用時間，不會合理統籌時間的人不會是一個精明的商人。

因此，一個會賺錢的猶太人，既是個「大忙人」，又是個「大閒人」。

之所以是「大忙人」，是因為他一直在辛苦的工作，為賺錢而忙碌。按照猶太人的經商理念，該忙的時候就要忙，否則就沒有效率。但是，「忙」與「閒」是相對的，學會忙裏偷閒，才能真正的享受生活的美好，因此，猶太人又常常顯得很悠閒。

猶太人視時間如金錢，他們在做生意時會不經意的談論自己和別人的壽命。比如一個猶太商人問一個日本老商人：

「先生您今年六十多歲了吧，再活個十年八年的應該沒有任何問題！」

對於其他任何民族來說，初次見面就說這種不吉之語，肯定會遭到對方的白眼。而猶太人對此卻很坦然，他們認為每個人都不可避免的要面對死亡，不必對死畏之如虎。知道自己還能活多久，就意味著知道自己還能賺多少錢，猶太人活到老賺到老；他們對死的態度是客觀而冷靜的，在知道自己還能活多少年後，就會抓緊時間邊賺錢邊享受。

由於猶太人從小就被灌輸「自立」的觀念，所以猶太老人一般都不願也不太可能依靠子女贍養，在猶太人的意識裏，只有自己賺到了足夠的錢，安逸的生活才會有保障。正是因為猶太人自知天命，所以他們會拚命抓緊時間拚命去賺錢，並用自己辛苦賺來的錢，更好的享受生活。

賺錢是為了享受，這是猶太人賺錢的目的，也是他們對於商業目的的最好詮釋。

## 勤勉的人能達到最大限度的成功

《聖經》中有這樣兩句話：「流淚播種的，必歡呼收割。」、「那流著淚出去的、必要歡歡樂樂的帶禾捆回來。」

猶太人認為，勤勉或懶惰不是天生的，很少有人是天生的勤奮者，也很少有人是天生的懶惰者，大多數人的勤勉或懶惰都是後天養成的，是習性所致。此外，孩童時期的家庭環境，以及所受的教育，也都有很大的影響。一般說來，勤勉有兩種：一種是不得不勤勉，是外力強迫的結果；另一種是自願勤勉，是自動自發使然。

在最艱苦的歲月裏，猶太人在勞動條件非常惡劣的環境中從事長時間的勞動，否則便無法生存。這是自願的勤勉。

在埃及受奴役期間，猶太人曾長時間從事繁重的田間工作，勞動量大得讓人無法想像。但辛勤工作的結果並沒有使他們的生活獲得改善，這是因為這些辛勤是由於外力強迫之故。猶太人認為，外力所迫的勤勉，是永遠都無法獲得成功的。

外力強迫的勤勉對人自身絕不會有作用，因為一旦外力消失，這種勤勉就會蕩然無存。自願的辛勤較易產生出自己的東西，從而逐步培養自己。久而久之，就能確立一個完完整整的自我。請看這樣一則故事：

有一天，羅馬皇帝哈德良看見一個正在種植無花果樹的老人，就問說：「你是否期望自己能夠享受果實？」

老人回答說：「如果我不能活到吃無花果的時候，我的孩子們將會吃到，或許上帝會特赦我。」

「如果你能夠得到上帝特赦而吃到這樹的果實，」皇帝對他說，「那就請你告訴我。」

隨著時光的流逝，無花果樹果然在老人的有生之年結出了果實，老人裝了滿滿一籃子無花果去見皇帝。見到皇帝後，他解釋說：「我就是您看見過的那個種無花果樹的老人，這些無花果是我辛勤勞動的果實。」

皇帝讓他坐在金子打造的椅子上，並將他的籃子裝滿了黃金。

可是皇帝的僕人反對說：「您想給一個老猶太人那麼多榮譽嗎？」

皇帝回答說：「造物主給勤勞的他以榮譽，難道我就不能做同樣的事嗎？」

老人很高興的回了家。

老人有一個懶惰的女鄰居，看了很眼紅，就對她的丈夫說：「皇帝愛吃無花果，你給他一籃子無花果，他就會給你一籃子金子。」

丈夫聽從了妻子的話，也拿了滿滿一籃子無花果到皇宮，要求換取金子。

僕人報告皇帝，皇帝大怒：「讓這個人站在皇宮門口，每個進出的人都可以向他臉上扔一個無花果。」

黃昏的時候，這個渾身又青又腫的可憐的人被送回了家。「我要把今天我所得到的全還給妳！」他舉著拳頭向妻子大聲喊道。

所有的猶太人都深信，懶惰只會使人一事無成，勤勉者才能取得成功。猶太人有一句發人深省的諺語：「成功和失敗都是一種習慣。」因此，猶太人會積極主動的培養自己的勤勉習慣，因為這是事業成功的必經之路。

# 第二章

## 唯一的財富就是智慧

錢存在銀行裏短期是最安全，但長期卻是最危險的理財方式。

猶太人賺錢時有一個比較特別的地方，就是遵守現金主義，他們是現金主義的實踐者。猶太人寧願把自己的錢用於高回報率的投資或買賣，也不肯把錢存入銀行。「不做存款」是一門資金管理科學，是猶太人經商智慧不可忽視的部分。「有錢不置半年閒」是一句很有哲理的生意經：做生意要合理的使用資金，千方百計的加快資金周轉速度，減少利息的支出，增加商品單位利潤和總額利潤。在猶太人眼裏，衡量一個人是否具有經商智慧，關鍵看其能否靠不斷滾動周轉的有限資金把營業額做大。

## 巴菲特滾出的「大雪球」

巴菲特是當今世界和人類歷史上最偉大的股市投資者，一九五六年他以一百美元起家，迄今為止其個人資產已超過八百二十億美元，被譽為「世界股王」。

在美國《紐約時報》評比出的全球十大頂尖基金經理人中，巴菲特名列榜首；在《財富雜誌》評比出的「世紀八大投資高手」中，巴菲特同樣名列第一。如此的「第一」、「唯一」不勝列舉，他是資產超過十億美元的富翁中，唯一從股票市場發家致富的，他一手創立並任公司主席兼行政總裁的伯克希爾．哈薩維公司，是一九九六年美國最具盛名的十家公司之一，也是金融業唯一進入前十名的公司。

巴菲特是證券經紀人之子，從小就生財有道。一名友人說，巴菲特五歲時就在奧馬哈老家門前的人行道上，擺攤子向路過的人賣口香糖。後來又從清靜的自家門前轉移到行人較多的朋友家前面，售賣檸檬水。朋友說，他想的不只是賺零用錢，而是要致富；念小學的時候，他就宣布要在三十五歲之前成為富翁。

他曾在當地高爾夫球場上，蒐集可以賣二手的高爾夫球。他曾跟朋友一起到奧馬哈賽馬場，在地上找人家無意中隨手丟掉的中獎票根；他在祖父的雜貨店批購汽水，夏夜裏挨家逐戶的推銷。青少年時他送報紙，每天早上送五百份，每月收入一百七十五美元（許多全職工作的成人也不過賺這麼多），又原封不動的把每個月的薪水存起來。他經常埋首苦讀《賺取一千美元的一千種方法》，這是他最愛讀的書。

他迷的是股票，正如別的孩子迷飛機模型。他把股價製成圖表，觀察漲落趨勢。他十一歲時首次買股票，買了三股每股三十八美元的「城市服務」優先股，升到四十美元時脫手，扣除手續費後，淨賺五美元，這是他首次在股市的收穫。他十四歲時，用一千二百美元的積蓄買了十六萬平方公尺的農地，租給一名佃農。二十一歲時，巴菲特從各項投資中賺了九千八百美元；他日後賺進的每一塊錢，幾乎都源自於這筆資金。

巴菲特從小開始投資股票，雖然收穫不豐，但卻學到了一些書本上沒有的東西。他把在股票上得到的教訓總結為：**看到時機固然重要，把握時機更為重要。**

巴菲特自少年時代起就喜歡看賽馬，後來他還愛上賭賽馬，當然，他是沒有多少錢下注的。由於他在觀看賽馬中頗有見解，在十二歲那年出版了一本馬經，該書十分暢銷，讀者卻不知作者竟是一位小學生！巴菲特十三歲時，已成為有「資格」的納稅人了。

到了十五歲時，巴菲特更顯示出他善於掌握機遇的商業才華。他與同學合資二十五美元買下了一架「吃角子老虎機」，把它放在理髮店裏。由於等理髮的人為了消磨時間，總會投入一些硬幣賭一下。巴菲特和他的合資同學為此，每星期可從這架二手機器上收入五十美元。

大學畢業後，巴菲特當過一段時間的教師，之後，他籌了少量資金與朋友合夥開了一家投資公司，做些小買賣。

巴菲特在教學和實踐中形成了他的「價值投資學」：第一，尋找被市場低估的股票；第二，買下它；第三，等股價上升到一定水準即脫手。

由於巴菲特善於把握時機，他的公司業務迅速發展。到了一九六九年，公司的淨資產已是當年投資的幾十倍，他本人也賺到二千五百萬美元了。這一年，他開始自己獨家經營。

他看見麻薩諸塞州一家名叫哈薩維的紡織公司，因瀕臨破產而被拍賣時，即決定收購下來。然後將其原來的紡織設備賣掉，只保留公司名字，進行投資業務。他涉足於銀行、傢俱、珠寶、糖果，乃至出版業的投資。

一九七三年，他以一千萬美元買下《華盛頓郵報》的股份，繼而以四千五百萬美元買下美國政府雇員保險公司，一九八五年用五億美元購進ＡＢＢＣ的城市服務公司的控股股份，一九八七年撥七億美元投資所羅門證券經紀公司，稍後又買下可口可樂公司的十億美元股份。巴菲特掌握一個又一個時機，使其財源廣進。

巴菲特的成功歷程，每個階段都體現出其善於掌握時機的本領。與其說他精於管理，不如說他巧於把握時機。

財富的真正主人永遠都是那些從大處著眼、小處著手的人，他們不會放過任何賺錢機會，並且不停的將賺來的錢投入市場，讓這些錢持續的滾動，直到滾成一個「大雪球」。

## 一滴焊接劑節省了五億美元

市場經濟中，一個企業的產品想要有競爭力，除了要品質上乘外，還必須價格便宜，這就是通常所說的「物美價廉」。而要做到這一點，就必須要降低產品和企業的成本，如此才能以低於同類產品的價格出售，並保證利潤不減，做到企業和顧客都受利。猶太人「吝嗇」的本性在控制成本方面「暴露無遺」。

大富翁洛克菲勒就是這樣一個超級「小氣鬼」。在美孚公司內，他經常到公司的各個部門察看，不時從口袋中掏出筆記本，記下一些細小的節約之道，以便隨後將其付諸實施。

「在你的三月份存貨清單上有一．〇七五萬個桶塞，四月份的報表上買進二萬個，用去二．四萬個，手頭還有六千個。那麼其餘七百五十個哪裡去了？」這是洛克菲勒曾對下屬提出的一個問題。

據說年輕的洛克菲勒初入石油公司工作時，既沒有學歷，又沒有技術，因此被分配去檢查石油罐蓋有沒有自動焊接好，這是整個公司最簡單、枯燥的工作程序，人們戲稱連三歲的孩子都能做。

每天，洛克菲勒看著焊接劑自動滴下，沿著罐蓋轉一圈，再看著焊接好的罐蓋被輸送帶移走。半個月後，洛克菲勒忍無可忍，他找主管申請改換其他工作，但被回絕了。無計可施的洛克菲勒只好重新回到焊接機旁，下決心既然換不到更好的工作，那就把這個不起眼的工作做好再說。於是，洛克菲勒開始認真觀察罐蓋的焊接劑滴量，並仔細研究焊接劑的速度與滴量，他發現，當時每焊接好一個罐蓋，焊接劑要滴落三十九滴，而經過周密計算，結果實際只要三十八滴焊接劑就可以將罐蓋完全焊接好。

經過反覆測試、實驗，最後，洛克菲勒終於研製出「三十八滴型」焊接機，這就是說，用這種焊接機，每個罐蓋比原先節省了一滴焊接劑。可是，就這一滴焊接劑，一年下來卻為公司節省了五億美元的開銷。因此，在他晚年，當有人想起這些節約的方法時，他總是自豪的笑說：「一大筆錢，全是我們這樣省出來的。一大筆錢啊！」

美孚公司能夠從一個小小的煉油廠，發展到一個在世界上首屈一指的大石油公司，不能不說與洛克菲勒的精打細算有很大的關係。

當然，隨著公司規模的不斷擴大，作為董事長的洛克菲勒不可能也沒必要為每件事算個仔細，但他經由自己的一些細小的行為，為手下的管理人員樹立了一個榜樣，使他們在管理日常工作時養成一種節約的習慣，使得美孚公司的成本在同行企業中是最低的。這為美孚公司能以降價打垮競爭者創造了條件。

精打細算，遠不止在這一些小事上，還需要在組織管理上下功夫。洛克菲勒在管理上有一個明顯的特點：他永遠不把精力放在闖出新路子，而是把精力放在權力的組織和調度上。他津津樂道所謂「合併和集中」。他的特長是，在組織安排上有的放矢，各得其所，建立恰當的聯盟，攻擊可以被擊敗的敵手，在最有利的時機把一些驚人的技術革新專案全部買進。他在石油技術方面的貢獻遠不及他在運用權力的技巧方面的貢獻。但他所用的確是最便捷、最省錢的辦法，對於降低成本最有幫助。

一九七八年，美國海岸公司為了謀求打破洛克菲勒對鐵路公司和石油銷售方面的遏制，就鋪設了一條長達一一〇英哩的輸油管路，從石油區一直鋪到海邊。儘管洛克菲勒叫他的代理人盡量買進路權，以阻斷管路的路線，恫嚇工人，甚至陰謀破壞這條輸油管，海岸公司最後還是完成了這一油管工程。由於美孚的這些勾當未能得逞，它的律師約翰．阿奇博爾德就透過賄賂滲入海岸公司，並且利用股東的鬥爭和其他問題向公司進行圍攻，直到它終於出售給美孚公司為止。不久，美孚公司就抄襲海岸公司的工程技術，建造了它自己的巨大的輸油管路系統。

這裡且不論洛克菲勒的做法是否合法，是否合乎道德標準。但美孚在買進海岸公司之後，因獲得建造巨大輸油管路系統的技術，而大大的節省了運輸成本，這無疑比自己投入巨額資金去承擔風險，獨立研製開發這項技術合算的多，也保險的多。就是在這種思維的指導下，洛克菲勒建立起一個龐大的美孚托拉斯。這家托拉斯拉進了四十家公司，其機構遍布美國各地，大大的節約了美孚公司的銷售成本。由於這家托拉斯過於龐大，其勢力無人能抵，在石油界形成了壟斷。因此它能夠人為的壓低進貨價格，抬高銷售價格，以獲得更高的利潤。當然正由於這點，它遭到反托拉斯法的控訴而被迫解體。但是當一個企業達到一定的規模，除具備有規模經濟的優勢外，還能增強對外的競爭能力。在購買原材料、設備時，其所花費的費用比小規模的採購要低得多。這條降低成本的思路應該是對的，只不過洛克菲勒走得過頭了些。

要維持企業的生產、銷售的正常運轉，無處不需要「錢」，從另一個角度說，對於一個管理者，要降低產品的成本，「精打細算」確實不乏是一個很好的方法。當然我們這裡所說的「精打細算」，不僅包括要從小處著眼，而且包括從宏觀上進行控制、作業。這裡強調的只是這種精神的指導意義。

## 二美元一支的雪茄

哈肯站在百貨商場前，看著豐富多彩的商品直出神。他身旁有一位穿戴很體面的猶太紳士，站在那裡抽著雪茄。

哈肯非常恭敬的對紳士說：

「您的雪茄真香，好像不便宜吧？」

「二美元一支。」

「好傢伙……那您一天得抽多少支雪茄呀？」

「十支。」

「天哪！這麼多！……您抽多久了？」

「四十年前我就這樣了。」

「不知您算過沒有，您如果不抽煙的話，省下的這些錢就足夠您買下這棟百貨商場的了。」

「這麼說，您不抽煙？」

「是的，我不抽煙。」

「那麼，您買下這棟百貨商場了嗎？」

「沒有。」

「告訴您，這棟百貨商場就是我的。」

無疑，哈肯是聰明的。首先，哈肯的帳算得很快，一下子就計算出每支二美元的雪茄每天抽十支，四十年下來的錢就可以買一棟百貨公司。其次，哈肯很懂得勤儉持家、由小到大累積的道理，並且身體力行，從來沒有抽過二美元一支的雪茄。

但誰也不能說哈肯有靈活的智慧，因為他不抽雪茄也沒有省下可以買百貨公司的錢。哈肯的智慧是死的智慧，紳士的智慧才是靈活的智慧，錢是靠錢生出來的，不是靠委屈自己省下來的。

我們再來看一個故事：

猶太大商人比爾出生在一個貧民窟裏，一家八口人只靠父親的一點微薄收入維持，生活極為貧困。為了能夠生活下去，他們省吃儉用，恨不得把一分錢掰成八瓣來用。

比爾十五歲的時候，他的父親把他叫到身邊，對他說：「比爾啊，你現在已經長大了，以後要自己養活自己了。」比爾點點頭。

父親接著說：「我省了一輩子也沒給家裏留下什麼，我希望你能出去做生意，這樣我們才有希望改變窮苦的命運，而且，做生意一直以來都是我們猶太人的優良傳統。」

比爾聽了父親的話，於是去經商。三年過後，比爾果然就改善了全家人的生活狀況；五年過後，他幫助全家人搬離了那個貧民窟；七年過後，他們竟然在寸土寸金的紐約買下了一間大房子！

猶太人不反對省錢，但並不主張把錢存入銀行。他們對銀行有自己獨特的看法。

猶太人支配著世界的經濟金融，主要是透過銀行系統來實現的。產業革命時期，猶太人致富，也是憑藉其雄厚的資本，在英、法、義乃至於全歐普設銀行，獲得大量財富。他們經營銀行，但自己並不把財產存入銀行。這是為什麼呢？

大家都知道，銀行存款是生息的，只要有存款，便能獲得利息收入。而現金，是不生息的，現在手持多少現金，經過若干年後，仍舊是原來的價值，並不會增多。這樣看來，銀行存款比手持現金更有吸引力，那為什麼猶太人這麼「傻」，寧可守住一大堆現款，而不願把它放在銀行，讓它「繁殖」呢？

事實上，猶太人並不傻，而是太精明了。天生有數學頭腦的猶太人，早已算好這筆令人驚訝的帳了。他們算完這筆帳後，就有充分的理由：銀行存款，的確可以獲得一些利息，但是物價在存款生息期間不斷上漲，貨幣價值隨之下降，尤其是存款本人死亡時，尚需向國家繳納繼承稅。這是事實，幾乎世界各國都如此。所以，無論多麼巨大的財產，存放在銀行，相傳三代，將會變零，這就是稅法上的原則。

銀行存款和現金相比之下，當然是現金最可靠，既不獲利也不虧損。小心謹慎的猶太人當然在二者擇一條件下選擇了後者。因為對猶太人來說，「不減少」正是「不虧損」的最起碼的基本做法。想借助銀行存款求得利息，是不太可能獲得利潤的。

既然存款不能賺大錢，那什麼才能賺大錢呢？猶太人認為，省錢是成不了富翁的，而且，把錢存到銀行後，是別人用低廉的成本把錢拿走賺錢去了，為什麼不自己用它去賺錢呢？只有這樣才能賺成富翁。

# 唯一的財富就是智慧

「我們猶太人唯一的財富就是智慧，當別人認為一加一等於二的時候，你應該想到大於二。」一個猶太商人這樣教育他的兒子。

猶太人聰明絕頂，他們的許多招數都出人意外，我們來看一個銷售策略方面的例子。

一家位於美國康乃狄克州的名叫奧斯莫比爾的汽車廠，有一段時期生意很不好。該廠因為積壓了一批轎車，不能及時脫手，資金也就沒辦法收回，倉租利息卻處於上揚趨勢。

總裁猶太人卡特對該廠的情況進行了反覆認真的思考，針對存在的問題，對競爭對手以及其他商品的推銷，認真的進行了比較分析，最後博取眾人之長，大膽設計了「買一送一」的推銷手法。廣告中宣告誰買一輛「托羅納多」牌轎車，誰就可以同時得到一輛「南方」牌轎車。

買一送一的推銷方法，由來已久，使用廣泛。但一般做法就得免費贈送一些小額商品。如買電視機，送一個小玩具；買錄放影機，送一盒錄影帶…等等。這種給顧客一點小恩惠的推銷方式，的確能起到很大的促銷作用。但時間一久，使用者多了，消費者也慢慢的不感興趣了。給顧客送禮給回扣的做法，也是個推銷老方法，但同樣，所送禮品的價值或回扣數目一般都較小，不可能產生引起消費者衝動的效果。

奧斯莫比爾汽車廠推出買一輛轎車便送一輛轎車的出眾辦法，一鳴驚人，使很多對此類手法習以為常的人為之刮目。許多人聞訊後不遠千里也要來看個究竟，該廠的經銷部一下子門庭若市。過去無人問津的積壓轎車果真被人們爭相採購，該廠如廣告所說實現了承諾，免費附贈一輛嶄新的「南方牌」轎車。奧斯莫比爾汽車廠這種銷售方法，表面上看是每輛轎車少賺了五千美元，虧了血本。而事實是，不但沒有虧本，還大獲全勝：第一，如果這些車積壓一年賣不掉，資金利息、倉儲費用以及保養費等，就近乎等於這個數目；第二，積壓車銷售一空，資金迅速回籠，有助擴大再生產的能力；第三，

「托羅納多」牌轎車的消費者增多，名聲大振，市場佔有比率增大；第四，一個新的牌子「南方」牌被引導了出來，這一低檔轎車以「贈品」問世，最後開始獨立行銷……奧斯莫比爾汽車廠從此起死回生，蒸蒸日上。

智慧如此重要，那麼智慧從何而來呢？猶太人給出的答案是：學習。

《華盛頓郵報》是美國首都的第一大報紙，它以獨到的見解和勇敢求實的風格而聞名於世，白宮的高層決策者們，無不在每天開始就首先閱讀它。這家報紙的主人就是有著猶太血統的女強人—凱瑟琳．格雷厄姆。

凱瑟琳是在丈夫去世後倉促接管報紙的。在此之前，她對報紙的瞭解並不比一個普通讀者多。處處都是男人，這是凱瑟琳遇到的第一個問題。她不得不學會應付他們，這些男人都是資深報人，他們打從心裏不太瞧得起這個新的外行老闆。有的時候，凱瑟琳甚至聽不懂他們在講什麼，他們好像是用另一種語言講話，這使她感到無所適從。

凱瑟琳找到老朋友李普曼，向他吐露了自己的苦悶。李普曼建議她從頭學起，每天先仔細閱讀自己辦的報紙，如果有不理解的地方，就把相關人士請來，平心靜氣的在辦公室裏請教，慢慢把問題從專家們神秘的世界裏挖掘出來，展開討論。凱瑟琳就這樣逐漸上手，而且一段時間後，她逐漸發現了許多問題。經過一番深思熟慮，凱瑟琳決定改革。

報紙興旺的關鍵在於人才。希拉德利原是《新聞週刊》的主編，在凱瑟琳的丈夫菲爾買下這家雜誌之後，曾因一個女職員與菲爾爭風吃醋，兩人成為情敵。但當下，為了事業，凱瑟琳斷然決定把希拉德利安排到《華盛頓郵報》擔任副主編，並很快提升他為社長。希拉德利把一批普利茲獎獲得者、最有才華的明星都聚集在自己周圍，組成了一個光彩奪目的記者群，從此《華盛頓郵報》煥然一新。

到了二十世紀六〇年代末，該報的財政預算由一九六二年的一百九十萬美元提高到七百三十萬美元，工作人員增加了三五％，發行量增加了一五％，年利潤差不多是原來的兩倍。

一九七一年，《華盛頓郵報》開始公開發行股票。剛開始公眾信不過一個女人領導的公司，股票的銷售情況並不順利。後來，凱瑟琳只好親自參加向華爾街分析家們推銷股票的辯論會，她給人們留下深刻的印象，表現出自己是一個堅強的有吸引力的女人。她成功了，凱瑟琳征服了整個華爾街。

## 洛克菲勒家族的財富傳承

洛克菲勒家族在美國是首富，但是他們家族中沒有一個人揮金如土。戴維的祖父老洛克菲勒在他年輕時候就開始記錄個人的收支帳目，每一分錢都要在這個帳目上寫出用途和使用時間，每一筆開銷必須有正當的理由。老約翰在臨死時將他的傳統交給了兒子小約翰．洛克菲勒。小洛克菲勒繼承了父親的光榮傳統，又把它像接力棒一樣傳了下去。

在戴維的記憶裏清楚的記著一件難忘的往事，在他七歲的時候，小約翰．洛克菲勒把他叫到自己的房間裏，意味深長的說；「戴維，從現在開始你可以每週獲得三十美元的零用錢，我想聽聽你打算如何處置這三十美元。」

戴維高興的回答：「爸爸，我想您會同意我花十美元去買我最喜愛的巧克力。另外，我要和哥哥們一樣擁有一個儲錢罐，我每週節省十美元放進去。剩下的十美元我做機動處置，如果到星期六還沒有花出去的話，我可以考慮在做禮拜之前捐給教堂。」

「對你的處理我十分滿意，可愛的孩子。不過，我還有一個小小的要求。就是在拿到每週零用錢時，附帶一個小本子，你必須在本子上記下每筆錢的用途。」

「爸爸，有這個必要嗎？」戴維・洛克菲勒不解的問道，「您說過這是我的零用錢，我有權自由處理的啊！」

「當然是有必要的，這是你祖父創立的傳統。洛克菲勒家庭的每個孩子都要這樣做的。你在每天花了錢之後，晚上在睡覺之前，記下花錢的原因、數目，並給這筆開銷的必要性做一個合情合理的解釋。這裡面有一點我想有必要提醒你一下，所有的記錄必須要真實，你知道誠實是最寶貴的。」

「爸爸，我記住了。」

「對了，我每週在發給零用錢之前，都要檢查你的花錢記錄本。如果你的記錄令我滿意的話，你會得到一點小小的獎賞，那就是在三十美元之外再加上五美元；要是記錄含糊不清的話，相對的要將三十美元扣為二十五美元。」

戴維少年時所受的「帳目訓練」對他以後的理財生涯受益匪淺。

精明的商人多有記帳的習慣，透過記帳，他們可以明白哪些錢是該花的，哪些錢是不該花的。這種方法不僅可以養成勤儉節約的好習慣，同時也能鍛鍊出商人的計算能力。

## 牢記一個投資法則

稍微懂點經濟學的人都知道有一個著名的「洛崙茲」曲線，這個曲線表明了收入分配的格局，即：財富不是平均的掌握在人們的手中，恰恰相反，擁有財富的絕大多數的人只佔總人口中的一個比較小的比例。

比如說：七八%的財富被僅僅二二%的人口佔有，而其餘七八%的人只佔剩下的二二%的財富。換句話說：錢在有錢人手裏。

這或許是一個再簡單不過的道理，但真正理解這句話，而且將其運用到商業運作、經營管理中的人卻不多。我們經常說：「美國人的財富在猶太人的口袋裏。」佔美國人口很小比例的猶太人卻擁有美國大部分的財富，這正好證明了這個道理。猶太人不僅在美國，還在亞洲的日本、歐洲的一些國家，獨佔金融界或商界鰲頭，百萬、千萬、億萬富翁大有人在，如果有人問他們何以生財有道，他們會漫不經心的說一句：「錢本來就在有錢人手裏。」你或許很不滿意這個好像不是答案的答案，但是請你千萬別誤會，猶太人是告訴你一個真理：錢在有錢人手裏。所以，我們要賺那些有錢人的錢；這樣就可以賺快錢，賺大錢了。

「錢在有錢人手裏，賺錢就要賺有錢人的錢」，這是猶太商人智慧的經商哲學，而這一哲學卻源自於他們對生活和對世界的看法，這便是「七八：二二」法則。

在任何特定的群體中，重要的因素通常只佔少數，而不重要的因素則常佔多數，因此只要控制重要的少數，即能控制全局，反映在數量上，就是七八：二二原理，即七八％的價值來自二二％的因素，其餘二二％的價值來自七八％的因素。

例如：空氣成分中氮與氧的比例是七八：二二；人體水分與其他物質成分的比例是七八：二二；七八％的銷售額來自二二％的顧客；七八％的電話源自二二％的發話人；七八％的看電視的時間花在二二％的節目上；七八％的菜是重複二二％的菜色；七八％的教師輔導時間花在二二％的學生身上；七八％的閱報時間花在二二％的版面上；七八％的財富掌握在二二％的人手中；七八％的地球資源被二二％的人消費……可

見，七八：二二是大自然中一個客觀的大法則，除了有少許偏差，比如它有時可能變成七九：二一或七七．八：二二．二，或是有人將其稱作「二八法則」等，但總的來說，這個大法則是客觀的，它規定著宇宙中某些恆定的成分。

再舉一個例子。假如有人問：世界上放款的人多，還是借款的人多？一般人都回答說：「當然借款的人多。」但是經驗豐富的猶太人回答卻恰恰相反，他們會一口咬定：「放款人佔絕對多數。」實際也正是如此，銀行總的來說是個借貸機構，它將把從很多人那借來的錢，再轉借給少數人，從中牟取利潤，而用猶太人的說法，放款人和借款人的比例是七八：二二，銀行利用這個比例賺錢，絕不吃虧。否則，銀行就有破產之虞。

如此說來，「七八：二二」法則的確是一個超乎一切的「絕對真理」，它一直在冥冥之中規定著我們的世界，左右著我們的生活。這樣一個具有絕對權威、千古不變的真理法則，猶太人理所當然的將它作為經商的基礎，依靠這個不變法則的支援，獲得世人皆羨慕的財富。

就在「七八：二二」法則經過猶太人千百次運用，幾乎百發百中以後，世界上具有聰明頭腦的少數商人也開始感覺到這個法則的魔力。一個日本商人就是受這種魔力吸引，把它運用到他的鑽石生意上，結果獲得了意想不到的成功。

鑽石，是一種高級奢侈品，它主要是高收入階層的專用消費品，一般收入的人是購買不起的。而從一般國家統計數字來看，擁有巨大財富，居於高收入階層的人數比一般人數要少得多。因此，人們都存在這麼一個觀念：消費者少，利潤肯定不高。絕大多數人都不會想到，居於高收入階層的少數人卻持有多數的金錢。換句話說，一般大眾和高收入人數比例為七八：二二。但他們擁有的財富比例卻要倒過來二二：七八。猶太人告訴我們：賺「七八」的錢，絕不吃虧！該日本商就看中了這一點，他把鑽石生意的眼光投向佔人口比例「二二」的有錢人身上，一舉取得巨額利潤。

二十世紀六〇年代末的冬天，該日本商就抓住時機開始尋找鑽石市場。他來到東京的某百貨公司，要求借該公司的一席之地推銷他的鑽石，但是該公司根本不理他那套：「這簡直是亂來，現在正值年末，即使是財主，他們也不會來的，我們不冒這種不必要的風險。」斷然拒絕了他的請求。

但他並不氣餒，堅持以「七八：二二」這條萬無一失的法則來說服S公司，最後取得該公司一角：郊區M店。M店遠離鬧市，顧客很少，生意條件不利，但該日本商對此並沒有過多的憂慮。鑽石畢竟是高級的奢侈品，是少數有錢人的消費品，生意的著眼點首先得抓住財主，不能讓他們漏網，以賺取佔錢「七八」的人的錢。當時S百貨公司曾滿不在意的說；「鑽石生意一個月最多能賣二千萬元，算不錯了。」該日本商立即反駁：「不，我可以賣到二億元給你們看！」這在S百貨公司看來，無疑是狂人的說法。但該日本商胸有成竹的說出這句話來，無疑是源於「七八：二二」法則的信心。

事實上，「七八：二二」法則的魔力很快就顯示出來了。首先，在地點不利的M店，取得了巨大的利潤，大大突破一般人認為的五百萬的效益估量。當時正值節日賤價大拍賣，吸引了大量顧客，該日本商就利用這個機會，和紐約的珠寶店聯絡，寄運來的各式大小鑽石，幾乎都被搶購一空。接著，該日本商又在東京郊區及四周，分別設立推銷點推銷鑽石，生意極佳。任何商店都沒有創下過每天六千萬元的記錄。相反S公司由於開始沒有抓住佔錢「七八」的有錢人的機會，當全國各地銷路大開時，才開始提供攤位，結果效益反而不如其他本來相對蕭條的商點。

這樣到了一九七一年二月，鑽石商的銷售額突破了三億日元，就連四周的買賣，也超過了二億日元，這個日本商人實現了曾經許下過的狂言。

日本商人的鑽石生意成功了，奧秘在哪裡？就在於「七八：二二」法則，S百貨公司卻對此有過懷疑，他們認為鑽石商品就好比美國凱迪拉克牌或林肯牌豪華轎車，國人能夠購買的很少，因此銷路一定不好。而該鑽石商人卻不這麼想，他把鑽石看成稍微高級的國產小轎車，是有錢的或稍微有錢的人都買得起的奢侈品，這一部分人雖佔全國人口的少數，卻佔有全國金錢的多數，賺這部分的人的錢，效益必定很高。

看來，這個法則能夠適用的領域還真不少，建議各位在進行一項投資決策時，把這個法則精神也運用進去，一定會獲益多多。

# 大富翁的財富秘訣

在一所猶太商學院研修班裏，學校請來的一個名叫梅耶的富翁正在給即將畢業的學生上課。

梅耶開門見山的說：「我用很簡單的方法教你們如何發財，這種簡單方法是開啟財庫大門之鎖的鑰匙，否則你們就不能走進財庫。現在我們就來討論第一個發財秘訣——」

**第一個財富秘訣：放十拿九。**

曾經有一個人，他是賣雞蛋的，他的生活並不富裕，就向我請教如何才能富裕起來。我就對這個賣雞蛋的人說：「如果你每天早上收十個蛋放到蛋籃裏，每天晚上你從蛋籃裏取出九個蛋，其結果是如何呢？」

「時間久了，蛋籃就要滿溢啦。」

「這是什麼道理？」

「因為我每天放進的蛋數比取出的蛋數多一個呀。」

這就是我要向各位介紹發財的第一個秘訣，你們要照我告訴蛋商的發財秘訣去做。因為你把十塊錢收進錢包裏，但你只取出九塊錢作為費用，這表示你的錢包已經開始膨脹，當你覺得手中錢包重量增加時，你的心靈中一定有滿足感。

不要以為我說的太簡單而嘲笑我，發財秘訣往往都是很簡單的。開始，我的錢包也是空的，無法滿足我的發財慾望，不過，當我開始放進十塊錢只取出九塊花用的時候，我的空錢包便開始膨脹。我想，各位如果如法炮製，各位的空錢包自然也會膨脹了。

現在讓我來說一個奇妙的發財秘訣，它的道理我也說不清，事實是這樣的：當我的支出不超過全部收入九〇％時，我就覺得生活過得很不錯，不像以前那樣的窮困。不久，覺得賺錢也比往日容易，能保守而且只花費全部收入的一部分的人，就很容易賺到金錢。反過來說，花盡錢包存款的人，他的錢包永遠都是空空的。

各位同學，上面所說的就是我所說的第一個發財秘訣：每次當我將十塊錢放進錢包時，我最多只花九塊錢。

## 第二個財富秘訣：控制自己的消費慾望。

可是有人會問：「我的全部收入還不夠必要的支出，又如何能夠剩下十分之一的金錢作為儲蓄呢？」

是的，每個人的收入未必完全相同，有些人收入較多，有些人收入較少，有些人家庭額外負擔較重，有些人家庭額外負擔較輕，但有一個共同之處：大家的錢包都是空的。我現在要提出一個我們和以後我們的孩子都要遵守的發財秘訣，那就是：不要讓我們的支出超過我們的收入，如果支出超過收入便是不正常的現象。不要把支出和各種慾望攪在一起。各位的家庭都有不同的慾望，可是這些慾望是各位的收入所不能滿足的，因此，你不可把你的收入花在不能滿足的慾望上面，因為許多慾望是永遠不能滿足的。

人經常為不能滿足的慾望所愁苦。你們以為我有這麼多的金錢，一定就可以滿足每個慾望了嗎？這種思維是不正確的，我的時間有限，我的精力有限，我能到達的路程也有限，我吃進胃裏的食物也有限，而且我的享樂範圍也有限。

我說慾望好像野草，農田裏只要留有空地它就生根滋長，繁殖下去。慾望也是如此，只要你們內心留有慾望，它也會生根繁殖。慾望是無窮盡的，但是你能滿足的卻十分微少。

你們要仔細研討現在的生活習慣，你們認為有些是必要的支出了，但經過明智思考之後便會覺得可以把支出減少，也許覺得可以把它取消。你們要把這句話當做格言：花出一塊錢，就要發揮百分之百的一塊錢功效。

因此，當你在泥板上面刻製法典準備換取支出費用的時候，你要根據九〇％的支出和一〇％的儲蓄原則，慎重使用收入購買必需品以及可能需要的物品。把不必要的東西全部都移除。認為那是無窮慾望的一部分，而且不可反悔。

把一切的必須開支作一次預算，切記不要動用儲蓄的一〇％收入，因為那是致富的本源。你要養成儲蓄致富的意志，保持只支出預算，預算需作有利的調整，調整預算能幫你保住已經賺到的金錢。

預算的用途要幫助你發財，是要幫助你獲得一切的必需品，如果你還有其他願望的話，預算也可能幫助你達成這些願望。唯有預算才會使你摒棄不正確的慾望，而實現最渴求的願望。黑洞中的明燈，它會照亮你的眼睛，使你看清黑洞裏的真正情況。預算就好像那盞明燈，它會照出你錢包中的漏洞，使你知道縫補漏洞，使你知道控制支出，把金錢用在正當的事物方面。

由這一點看來，發財的第二個秘訣，就是一切費用需有預算。預算使你有錢購買必需品，預算使你有錢得到應得的享受，預算使你實現正當願望而不至於動用一〇%的儲蓄金錢。

## 第三個財富秘訣：讓錢再去賺錢。

看一看，你的財富日漸增多了。那是因為你切實遵循儲蓄十分之一的緣故，也因為你控制支出，使賺到的金錢不會浪費的緣故。其次要研究的就是如何使金錢為你工作，替你賺得更多的金錢。守財奴把金錢放在錢包裏面，那只能滿足他的守財奴心理，但是不能替他增添金錢，從收入裏取出部分金錢儲蓄只是發財的開始手段，儲蓄金錢能替我們產生利息才可以使我們發財。

可是，應該怎麼做才可以使金錢替我們工作呢？我自己第一次投資是失敗的，我喪失了全部的資金，其中詳細情形留待以後再告訴各位。第一次使我賺錢的投資，就是我把錢借給名叫亞格爾的盾牌製造匠，他每年都花費大筆金錢，從海的一邊買進許多製盾的黃銅材料，由於資金不夠，亞格爾每年都向有多餘金錢的人借貸。他是很有信譽的誠實商人，只要貨品賣出立即償還借款，而且給予優厚的利息。

我每次借給他金錢，他不但償還我的借款，而且還附帶優厚的利息。日子久了，我的本金不但增加了，我的收入也隨之增加了。最令我喜在心頭的，就是賺得的金錢絲毫未被浪費。

各位同學，讓我告訴你，一個人的財富不是放在隨身攜帶的錢包裏面，而是在他經營事業所得到的收入，收入才是一個人的金錢來源，才是增大財富的源泉。每個人都希望有收入，在座的各位同學當然也希望有收入，而且不論自己在工作或是旅行都有源源不斷的收入。

我曾得到一筆龐大的收入，由於數字太龐大了，因此人家把我稱為大富翁。我把金錢借給亞格爾是我學習有利投資的開始，從經驗中得到智慧，當我本錢增多了，我就擴大貸款和投資範圍，起初是和少數人打交道，隨後便和更多的人打交道，金錢就像潮水一般的流進我的錢包裏面，我只要決定了明智的運用，就有金錢來支援這項用途，真是得心應手，無往不利。

各位已經知道，我是從微薄的收入開始獲得龐大的金錢奴隸，每個金錢奴隸都為我工作，替我賺進更多的金錢；因為這些金錢奴隸本身會替我工作賺錢，它們的兒子，它們的孫子，它們的子子孫孫都做我的賺錢奴隸，它們賺到的總和便構成我的龐大收入。

我願意向各位同學講一個故事，使你們明白迅速增加財富的道理。從前有一位農夫，當他的長子出生的時候他把十塊錢借給一位借貸者，並且向借貸者言明借款需付利息，等他長子年滿二十歲時才把本金和利息一起償還。借貸者答應了他的條件，利息是本金的四分之一數額，每隔四年核算一次。農夫同時還要求，因為這筆錢是他長子的所有物，所有利息應該加算到本金裏面。

當農夫的長子年滿二十歲時，農夫就到借貸者家中去取錢，借貸者便向農夫說，因為是按照利息複利率計算的，所以當初的十塊錢現在已變成三十塊錢零五角了。農夫當然高興極了，因為他的長子並不需要用這筆金錢，農夫又把這筆錢仍然借給借貸者。當他的長子五十歲的時候，這位農夫便與世長辭了，借貸者便和這兒子結算債務，最後兒子得到一百六十七塊錢。

你們知道，十塊錢的五十年投資，幾乎可以得到十七倍的代價。

那麼，第三個發財秘訣就是要讓每塊錢替你工作。金錢好比田野中的羊群，不斷的替你生出小羊，使你的錢包裏源源有金錢流進，使你得到連綿不斷的收入。

## 第四個財富秘訣：培養自己賺大錢的能力。

接下來，我要向你們介紹最重要的發財方法。但是，今天的討論主題不是金錢，而是討論金錢的主人翁，那就是身穿黑顏色的衣服，現在坐在我面前的每位同學。我要討論各位同學心裏所想的東西，以及那些能夠影響你們事業成敗的一切事物。

不久前，有一個年輕人到我家來向我借錢，當我問他為什麼要借錢的時候，他說因為收入太少不夠花費。我根據他的談話向他做了一番解釋：你沒有賺錢還債的能力，你在借你的錢的人的心中，是一位不受歡迎的顧客，你要明白你自己的缺點。

「年輕人，你現在所要做的，」我對他說，「就是賺取更多的金錢。你為什麼不學習賺大錢的本領呀？」

「我能夠做的，」他回答，「已在兩個月內向老闆要求加薪六次，但是老闆一直沒有增加我的薪水。你知道，別人是沒有在兩個月內六次向老闆要求加薪的。」

我們都笑他頭腦簡單，不過，他有一個長處，那就是他有加薪的念頭。他有強烈的賺大錢願望，這種願望是正確的，而且也是值得別人效法的。

人需先有希望而後才會有成功。各位同學的希望必須堅定不移，而且必須具體可行。不是堅決的希望，就會變成沒有結果的慾望，因為意志不堅定的人不會有多大的成就。一個人如有賺取五塊錢的慾望，這個慾望是應該努力實現的，當他實現這個慾望以後，就有力量去實現賺取十塊錢的慾望，依此類推，他就能賺取十塊錢……一百塊錢……如此持續下去，他就能夠成為富翁。這是什麼道理呢？因為賺小錢使他得到賺大錢的發財經驗，而且財富是日積月累逐漸形成的，先是儲蓄少數金錢，再過一些時間就變成數目較大的金錢，然後等你賺錢本領增大的時候，你的財富也就隨之增大了。

希望必須簡單而且肯定，希望太多就會互相抵消，使你混淆不清，甚至於因為分散力量而使希望無法實現。

一個人能在工作中不斷的充實自己的才智，他的賺錢本領也會隨之增大的。當年我做文書員，在泥版上面刻製律法，每天只能賺得幾塊錢。同時，我也觀察其他工作人員。他們做的工作多，賺的錢也多。沒有多久，我就發現他們賺錢的理由。於是，對於自己的工作便發生更大的興趣，格外全神貫注在工作方面，努力工作的決心更為堅定。後來，在一天之內，沒有任何人做的工作比我更多。因為我的工作速度迅速，技術精良，於是得到了應該得到的報酬，不必等我走到主人面前請求加薪，薪水就會自然增加。

我們賺錢的本領越大，我們賺到的金錢也就越多；一心一意追求工作技藝的人，他的工作報酬也就增多；如果他是一位工匠，他就應該學習技術精良的同行的做工方法，以及學習使用同行的做工工具；如果他是學法律的律師或是學看病的醫生，他就應該向同行請教，以及和同行交換工作經驗；如果他是商人，他就應該不斷的尋求更好的商品，而且能用較低代價買到較佳商品。

人事是經常變動的，你必須經常充實自己的學識和才能，有遠大眼光的人常會吸取更多的發財經驗和高超的發財本領，因為賺取金錢完全依賴豐富的經驗和高超的發財本領。由此觀之，我要奉勸各位同學，你們必須眼觀前方，而且不可停止前進，否則就要成為時代的落伍者。

先有賺錢的經驗，然後你們的生活裏才會充滿完美的事物。你們若想自己尊重自己，必須認真做好下面的各件事情。

你們要在自己的能力範圍內儘快還清債務，不可購買沒有能力付錢的任何東西。

你們必須盡心盡力照顧家庭，使家人常常想念你、稱讚你；你們必須立下遺囑，萬一上帝召你傳喚回天國的時候來到，使你家人可以正當分享你的遺產；你們必須憐憫受傷的人或受打擊的人，同時在能力範圍以內救助他們；你們必須拿出事實，表示你對於親友的關懷。

這樣看來，最後一個財富秘訣就是要不斷的培養自己的能力，從學習中獲得更多的智慧，使自己賺錢的能力一天比一天強，並贏得別人的尊重。這樣你就會有強烈的自信心，在任何逆境中都會相信自己可以達成自己的目標。

我自己因為擁有長時期的賺錢經驗，這些發財秘訣就是我自己的經驗之談，想要發財，你們就必須身體力行。各位同學，巴比倫的金錢還多得很呢，連你們做夢也沒想到有那麼多，這些錢正等候你們去賺取。努力前進的各位同學，把你們學會的發財秘訣轉告全體的猶太人，使他們都能分享巴比倫市的大量財富。

最後，讓我們重溫先哲們的話：「金錢給人間以光明，金錢給眾生以溫暖。金錢讓說壞話的人舌頭變硬，金錢讓舉起屠刀的人發愣；金錢給上帝購買了禮物，敲開了神那緊閉的門……。」

富翁梅耶所講的發財致富秘訣還沒有完，限於篇幅，我們就不再展開了，而是把其精華摘要介紹給大家。其實他的很多想法與我們的傳統理財觀念不謀而合。看來，道理是相通的，關鍵在於我們是否能夠沿著正確的方向堅持做下去。

## 富貴險中求

猶太人認為：「高風險，意味著高回報。」當機會來臨時，不敢冒險的人，永遠是平庸之輩。一個出色的商人，不僅應該是謀略家，還應該是有謀略的冒險家。在生意場中，只要看準時機，就要敢於決策，「大膽下注」。許多成功的猶太商人，常常會做出一些讓人們目瞪口呆勇敢的變革或投資行動，有時幾乎是以身家性命做賭注。這些行動風險極高，成則一步登天，敗則不堪設想。但在實際上，很多風險只是一層嚇唬人的外衣，只要認真研究了各方面的情況，做好有效的準備工作，風險是完全可以規避開的。

眾所周知，華爾街之所以能發展成為世界金融的中心，是與摩根家族的成功分不開的，而J．P．摩根則毫無疑問的成了華爾街的基石。他的經營思想和冒險精神，為整個摩根家族帶來了數不清的巨額財富；尤其是他那大膽投機的行動，更是刺激了無數投資者向華爾街蜂擁而來……

一八五七年，J．P．摩根從德國格廷根大學畢業，進入鄧肯商行工作。年輕人特有的氣質和摩根自身獨特的素質，使他做得非常出色。不過他大膽的行動和冒險精神，常常讓總裁鄧肯先生心驚肉跳。

有一次，摩根去古巴為商行購買魚蝦等海鮮回來，途經新奧爾良碼頭停泊時，一位陌生人敲開了他的房門。

「先生，買咖啡嗎？上等的咖啡，我可以半價出售！」

「上等咖啡？半價出售？」摩根疑惑的盯著陌生人。陌生人馬上自我介紹：「我是這艘巴西貨船船長，為一位美國商人運來一船的咖啡，貨到了，可是那商人卻破產了，這艘船只好在此下錨。先生，您如果買，等於幫了我一個大忙，我願意以半價出售。但有一個條件，必須現金交易。」

摩根一看咖啡成色不錯，價錢又便宜，就自作主張，以鄧肯商行的名義買下了這船上的咖啡，然後，他給鄧肯發了電報。

鄧肯得到訊息，又驚又怒，因為商行在咖啡生意上已經幾次上當，而今摩根竟連招呼也不打一下，便自做決定，如果其中有詐—鄧肯生氣的回了電報：「你這混蛋！你想拿鄧肯商行開玩笑嗎？立刻停止交易，損失自己賠！」

摩根勃然大怒，他只好求助於在倫敦的父親，父親回電同意他用自己倫敦公司的戶頭，償還挪用鄧肯商行的欠款。摩根大為高興，索性壯著膽子，放手去做，在巴西船長的引荐下，他又買下了其他船上的咖啡。

摩根初出茅廬，即做如此大的一筆買賣，不能說不是一樁冒險之事；但老天偏偏青睞於他，就在他買下這批咖啡不多久，巴西出現高寒天氣，使咖啡大量減產。「物以稀為貴」，咖啡價格一下子暴漲二到三倍，不用說，摩根大賺了一筆錢，不僅父親大為高興，連鄧肯也對他刮目相看了。

從咖啡生意中，摩根意識到只有大膽的做出決策，才能達到賺錢的目的。從此以後，摩根無論參與什麼生意，永遠不去考慮風險有多大，他堅信，風險越大，賺的錢也就越多，於是，他做出決策的膽量也越來越大……

一八七一年，德法戰爭以法國的慘敗而告終。法國因此而陷入一片混亂之中，要給德國五十億法郎的賠款及恢復崩潰的經濟，這一切都需要有巨額的資金來融通。法國政府要維持下去，它就必須發行二．五億法郎的債卷。

巴黎，一個豪華的別墅中，摩根與為發行國債而來的法國密使的談判正在進行著。「關於這五千萬美元──二．五億法郎債券推銷的事，你是否問過羅斯查爾男爵和哈利男爵呢？」羅斯查爾、哈利分別是英、法兩國的銀行巨頭。密使苦笑著搖頭說：「他們不肯答應。」摩根早已預料會是這樣的，這麼大一批國債的發行，又是在法國戰敗、巴黎革命發生的背景下，誰有如此大的膽量來冒這個風險呢？但直覺敏銳的摩根感到：在目前這個時代，政治經濟的動盪會時常發生的，各國政府要想不垮台，就必須大量發放國債。所以，以後這項業務必將會成為投資銀行證券交易的重頭戲，誰能掌握這項業務，誰就會在未來的金融界稱霸。

「那麼就從現在開始吧！」摩根做出了大膽的決策：他要獨自承攬這批國債。怎樣才能消化這批國債呢？摩根又大膽的做出了另一個決定：他要打破華爾街的傳統，把各行其是的所有大銀行聯合起來，形成一個規模宏大、資財雄厚的國債承購組織──辛迪加，他當然要成為這個組織的領導者。當他把這個想法告訴親密的夥伴克里姆時，克里姆大吃一驚，連忙驚呼：「我的上帝！你敢去買那五千萬美元的法國公債已經夠膽大的了，你竟還要去對華爾街的遊戲規則與傳統進行挑戰，你的膽子也太大了吧！」

克里姆說的一點也沒錯，摩根就是要試圖從根本上，動搖和背離華爾街的規則與傳統。當時流行的規則與傳統是：誰有機會，誰獨吞，自己吞不下去的，誰也別想再去染指。各金融機構之間，訊息阻隔，相互猜疑，即使迫於形勢聯合起來，為了自己最大獲利，這種聯合也像秋天的天氣，說變就變。各投資商是見錢眼開的，為了一己的私利不擇手段，不顧信譽，爾虞我詐，鬧得整個金融界人人自危，提心吊膽。摩根如果把這些投機商聯合起來，他一不小心就可能被這些投機，狂掀起的狂瀾吞沒掉─儘管此時的摩根已相當富有，但風險總是無情的。然而摩根憑著過人的膽略和遠見，看到一場暴風雨是不可避免的，但希望總還是有的；只要有希望，就應該大膽的去做！歷史的發展表明摩根的大膽決策是正確的，他再一次獲得了成功。他成了華爾街的神經中樞。

大膽的決策並不等於蠻幹。對於成功的商人來說，冒風險的前提是明瞭勝算的大小，做出冒險的決策之前，不要問自己能夠贏多少，而是應該問自己輸得起多少。一點把握也沒有就盲目的去冒險，那你的賭注下得越多，膽量越大，損失也就越大。

## 做別人不敢做的生意

許多猶太人，常常會做出一些讓人目瞪口呆的勇敢的變革或投資行動，甚至不惜以身家性命做賭注。但大膽的決策並不等於蠻幹，一點把握也沒有就盲目的去冒險，在猶太人眼中是愚蠢的行為。在猶太商界，厭惡風險是一種不被接受的行為，他們喜歡冒險，他們的英雄都是冒險家。然而事實上，冒險只是例外，而不是他們的行為準則—他們只打必勝的仗，安全穩妥仍然是他們做決策時考慮的首要因素。

哈默是一位能夠點石成金的成功商人，也是第一個與十月革命後的蘇維埃政府合作的西方企業家。

哈默於一八九八年五月二十一日生於美國紐約市，他的曾祖父弗拉基米爾是俄國猶太人，曾在沙皇尼古拉一世時以造船而成為巨富。到哈默的祖父雅各布娶妻生子時，一場颱風引起的海嘯把家產沖刷得蕩然無存。一八五七年，雅各布帶著妻子和兒子朱利葉斯移居美國。二十年後，在一次郊遊中，朱利葉斯與一個年輕的寡婦羅絲一見鍾情。他們婚後生下的第一個孩子就是亞蒙．哈默。一九一七年，哈默進入哥倫比亞醫學院就讀。

有一天，父親找到哈默，告訴兒子一個壞消息：他傾其積蓄投資的製藥公司瀕臨破產。而且他本人因為身體不好，特別是還想繼續行醫，沒有精力去顧及公司的管理，因此，他要求兒子去當公司的總經理，但不許他退學。哈默勇敢的迎接了挑戰。為了不耽誤學業，哈默邀請一個家境貧困而學習優異的同學住在一起，免費供給對方食宿，條件是這位同學每天去上課，晚上把白天的筆記帶回給他，供他應付考試和寫論文。他重新制訂了公司的經營方針和推銷方法，組織了一支強而有力的推銷員隊伍，並把公司名字也改為響亮的：「聯合化學製藥公司」。原本岌岌可危的公司終於被哈默從破產邊緣拯救起來，產品暢銷全國，公司開始躋身於製藥行業的大企業行列。

這時，哈默做了一件令人震驚的事情，即去蘇俄訪問。十月革命後，哈默的父親作為俄羅斯後裔，且又是美國共產黨的創始人之一，對蘇俄十分關注，並向被封鎖的蘇俄紅色政權提供過生活必需品。但由於一次醫療事故，一九二〇年六月，哈默的父親受審入獄。年輕氣盛的哈默決定完成父親未完成的願望，到父親出生的國家，去幫助蘇俄戰勝正在那裡蔓延的飢荒和傷寒。

哈默於一九二一年初夏到達蘇俄。看到蘇俄烏拉爾地區大量的白金、寶石、毛皮賣不出去，而糧食又嚴重短缺，一個大膽的計畫在哈默頭腦中形成。他聯想到當時美國糧食大豐收，糧價下跌，便提議：以一百萬美元的資金，在美國緊急收購小麥。海運到彼得格勒，卸下糧食後，再將價值一百萬美元的毛皮和其他貨物運回美國。哈默的建議很快被蘇俄高層採納，列寧親自回電表示認可這筆交易，並請哈默速抵莫斯科。

到達莫斯科的第二天，哈默就受到了列寧的接見。為使年輕的蘇維埃政府得到休養生息，列寧格外重視哈默的提議。從此，他們之間結下了真摯而深厚的友誼。列寧鼓勵哈默投資辦廠，允許他開採西伯利亞地區的石棉礦，從而使他成為蘇俄第一個取得礦山開採權的外國人。

美蘇的易貨貿易由此開始。哈默組織了美國聯合公司，溝通了三十多家美國公司，他儼然成了蘇俄對美貿易的代理人；哈默在蘇俄度過了將近十年。蘇俄成了這位美國青年從百萬富翁變為億萬富翁的發跡地。

但是，哈默一生中最活躍的時期，卻是一九三一年從蘇俄回美國後開始的。哈默返美時，正值三十年代美國經濟大蕭條，但他卻認為是賺錢的機會到了。他捕捉到一個清晰的訊息：羅斯福正在走向白宮總統的寶座。如果他當選，那麼，一九一九年頒布的禁酒令將被廢除。這將意味著全國對啤酒和威士忌的需求激增，酒桶的市場將會呈現出空前的需求，而當時市場上卻沒有酒桶出售。哈默當機立斷，立即從蘇俄訂購了幾艘船的優質木材，在紐約碼頭設立了一座臨時的桶板加工廠，並在新澤西州建立了一座現代化的酒桶廠。禁酒令廢除之日，也正是哈默製桶公司的酒桶，從生產線上源源滾下之時，他的酒桶被各製酒廠用高價搶購一空。哈默乘勝而進，進軍製酒業，開始經營威士忌酒生意。他接連購買了多家釀酒廠，採取大幅度削價和大做廣告等手段，很快戰勝了所有的競爭對手。他的丹特牌威士忌酒一躍而成為全美第一流名酒，年銷售量高達一百萬箱。

哈默有愛好吃牛排的習慣，正是這一習慣，把他轉載入了另一個領域，即養牛業，並大獲成功。哈默闖入養牛業頗為偶然，有一次他埋怨市場上買不到優質牛排，他的一名工人就建議去買頭牛殺了吃。牛買回來了，卻是一頭懷了小牛的母牛。哈默認為自己還不至於饞到殺懷孕母牛的地步，於是就交待人把牛放養在莊園裏。正巧哈默的鄰居是一位養牛專家，專門培育安格斯種牛。他不僅替哈默買回的那頭母牛順利接產，而且時隔不久又讓這頭母牛與他的公牛交配，生下了具有安格斯種牛優良品的小牛。哈默經這一事件的觸發，頭腦中閃現出新的商業腦電波：以釀酒的副產品飼養種牛，豈不是化殘渣為黃金之舉時？

於是，哈默迅速籌建了一家繁殖種牛的大牧場，並花上十萬美元買下了本世紀最好的一頭公牛──「埃里克王子」。在隨後的三年中，僅靠埃里克王子就繁殖了上千頭牛犢，其中包括六頭世界冠軍，為他賺了二百萬美元。哈默也從此由養牛的門外漢變為種牛業公認的領袖人物。

一九五六年，哈默五十八歲。他在商戰中累積的財富，多得連他自己也數不清。他確實打算從商界隱退，安享晚年。然而一次偶然的機會，充滿誘惑力的石油業把他吸引了，他又一躍成為揚名世界的石油巨子。

當時在加利福尼亞州有一家瀕臨破產的西方石油公司，其實際資產只有三．四萬美元，三個雇員和幾口快要報廢的油井，公司的股票每股只賣十八美分。有人向哈默建議，投資這家石油公司。因為根據美國政府對石油業的傾斜政策，用於尚未出油的油井的資金無需報稅。對於想退休的哈默來說，他無意收購這家公司，還借給了西方石油公司五萬美元，讓他們再打兩口井。如能出油，利潤雙方對半平分；如果不出油，哈默投入的這筆資金視作為虧損，從應繳稅款中扣除。意想不到的是，兩口井都出油了。西方石油公司的股票一下子漲到每股一美元，哈默也嚐到了甜頭，開始涉足石油業。不久，哈默成了這家公司的最大股東。一九五七年七月當選為西方石油公司的董事長和總經理。

哈默憑著自己多年的經驗，冒著巨大的風險，開始建立一個石油王國。他招兵買馬，聘請到最優秀的鑽井工程師和最出色的地質學家，一九六一年終於在加利福尼亞州鑽探到兩個巨大的天然氣油田。西方石油公司的股票價格一路上漲到每股十五美元，公司的實力也足以與那些世界上較大的石油公司抗衡了。

一九七四年，他的西方石油公司年收入為六十億美元。到了一九八二年，西方石油公司已成為全美第十二大的工業企業。

一九七二年，七十四歲高齡的哈默與蘇俄做成了一項長達二十年的二百億美元的化肥生意，把美蘇貿易推向了高峰。哈默捕捉到了訊息，捕捉到了機會，他適時出手，迅速暴富。

任何一個人做成大事都是很艱難的。在艱難的奮鬥中，機會也是很多的。只要把握住機會，就能接近做事的目標。

# 第三章

## 從〇到一有多遠？

從〇到一的距離，大於從一到一〇〇〇的距離。

從〇到一的距離到底有多遠？這是一個沒有標準答案的問題。對有的人來講，終其一生都徘徊在這段困苦地帶；而另外一些人，好像很輕鬆的就走了過去。從洛維格的經歷來看，那條破船是他一生事業的起點，他憑藉著這條船，閃轉騰挪，借助了很多的外界力量，迅速的完成了從〇到一的飛躍。其實，猶太人歷來認為：借助別人的力量使自己的能力發揮最大效果是成功的捷徑，善於拜訪比自己有智慧的人可以使自己立於不敗之地。洛維格只不過是將這一理念發揮到了極致罷了。

## 財富的道路就在腳下

一九〇八年五月，熊熊大火燒燬了八歲的小約瑟夫的家，也把他變成了一個小乞丐。與母親和兄弟姊妹們賴以棲身的小房子只剩下斷壁殘垣，散發著縷縷青煙……兄弟姊妹們被別人領養走了，當一對老年夫婦要領養小約瑟夫的時候，小約瑟夫彷彿才從夢中驚醒，「就是當乞丐我也要和媽媽在一起」。小約瑟夫從小失去了父親，不能再離開母親了。

小約瑟夫不懂，為什麼有人享福，有人受苦。他也要去享福的世界，他要逾越那條窮人和富人之間的鴻溝。

他與母親來到了紐約。新鮮的世界讓從鄉野裏來的小約瑟夫目不暇接。他還沒有看夠這個世界，就被母親帶到了和剛才完全不同的世界—位於紐約布魯克林區的雜亂骯髒的貧民窟。不久以後的一天下午，母親不幸又出了意外住進醫院。她住的是亂哄哄的大病房，那些有鮮花有地毯有白色天使特別護理的病房，母親卻無緣問津。餐廳飲食店比比皆是，而自己卻餓一頓飽一頓在垃圾桶裏找東西吃，這一切都是因為沒有錢。

小約瑟夫在長久的痛苦中，逐漸意識到金錢是旋轉世界的魔力。金碧輝煌的摩天大樓，低矮潮溼的貧民窟；歡樂幸福，沉重悲哀；慷慨大方，爾虞我詐；腦滿腸肥，瘦骨嶙峋……這一切，都和金錢有關。

小約瑟夫暗自發誓，絕不再受金錢的奴役。

一九一一年春暖花開的季節，曼哈頓區百老匯街紐約證券交易市場熙熙攘攘。年僅十一歲的約瑟夫也在這裡穿梭著，看著、聽著、想著，是否能一無所有就可以轉眼擁有百萬。他的血液在沸騰，他震驚了：這裡才是我的天堂，我一定要加入這個行列！

三年以後，十四歲的約瑟夫，個子竄得很高，腰寬背闊，從一個小男孩長得像一個男子漢了。他沒有取得母親的同意，就不假思索的辭掉了在當時看來很不錯的珠寶店伙計的工作，雄心勃勃的要向紐約證券交易所的露天市場進攻。年輕幼稚的他怎麼也沒有想到，當時是第一次世界大戰剛剛開始的時候，紐約證券交易所冷冷清清，往日熱鬧非凡的景象蕩然無存。

萬般無奈之下只好重新找工作，但他決心要找一個與股票有關的工作。然而，沒有一家公司的大門向他開啟，他幾乎要絕望了。就在他精神瀕臨崩潰準備回家接受母親責罵的時候，愛默生留聲機公司終於露出了天使般溫柔的臉龐，他當了辦公室的收發員，中午還兼任接線生。

小約瑟夫滿腔熱情的開始工作。不久，他發現雖然愛默生留聲機公司發行股票，並且經營股票，但是他從事的工作卻與之毫不沾邊。終於，他在上班六個月後的一天上午，鼓起萬分的勇氣敲開了總經理辦公室的門，從容不迫的走進去，大膽的迎著總經理驚愕的目光，鎮靜的說：

「我要做您的股票經紀人。」

膽量是股海沖浪的首要條件，小約瑟夫的膽量征服了總經理。兩個星期後，他開始為總經理繪製股票行情圖。

從不熟悉到熟悉，小約瑟夫兢兢業業繪製了三年的股票行情圖。為了多賺些錢貼補家計，他開始為華爾街勞倫斯公司做同樣的工作。耳濡目染和苦心鑽研，使他的炒股知識和經驗不斷的增長著，他越來越成熟了，這個股市的門外漢終於踏進了股市的大門。

一九一七年，約瑟夫十七歲，他不再受雇於人。雖然傾其所有他也僅有一百五十五美元，但是他要開創自己的事業了。

在最初的一年裏，小約瑟夫炒股一帆風順，賺了十六點八萬美元。然而，被勝利沖昏了頭的他，由於買下了大量因戰爭結束而暴跌的鋼鐵公司的股票，轉眼又賠得只剩下四千美元。實際證明，約瑟夫自身的知識和經驗還不足以控制變幻莫測的股市。為此他瘋狂的學習並遍訪各路股市高手。他沒有被困難嚇倒，他心想，現在總比初涉股市時的本錢多，一定要再做下去。

一九二四年，約瑟夫經過分析發現，未列入證券交易所買賣的某些股票實際上是有利可圖的。這些股票利潤雖然不算太大，但風險很小，他就把精力放在了這些股票上。開始時資金不夠，他就和別人合資經營，不到一年，他就開設了自己的證券公司—賀希哈證券公司。到了一九二八年，他就成為股票大經紀人了，每月收益達二十八萬美元，那年他才二十八歲。在當時的金融業中，一個初出茅廬的小伙子能擁有這樣一方領地，的確不多見。

經濟危機迅速席捲整個美國，又從美國蔓延到西歐，工、農業生產下降了三分之一。美國的生意已經很難做了，今後的道路應該怎麼走？

約瑟夫隨之把眼光轉向了礦產豐富的加拿大。一九三三年，他在多倫多開設了證券公司，成為當地屈指可數的大經紀商。四月，他與加拿大產業巨子拉班兄弟聯袂開設戈納爾黃金公司，以每股二十美元的廉價取得該公司五十九・八萬股的上市股票。在他們的參與下，股價扶搖直上，三個月後漲至每股二十五美元，他見股價漲得過熱，料定會出現大的滑坡，因此他又悄悄的賣出。果然不出所料，一個月後股價大跌，為此他又因先見之明而賺了一百三十萬美元。從一九三三年到一九六三年的三十年間，約瑟夫不僅擁有了金礦，而且還併吞了諸如鈾礦、鐵礦、銅礦、石油等礦產業。除此之外，房地產生意也做得很紅火。他的事業蒸蒸日上，取得了輝煌的成就。

憑著對股票生意的天賦，憑著對股票事業的執著，更憑著他的智慧和膽量，他實現了自己的願望，成為億萬富翁。

約瑟夫從衣衫襤褸的乞丐成為擁有億萬的富翁，但約瑟夫從未忘記與自己長期合作患難與共的夥伴，更沒忘記生他養他並且受盡苦難的母親。

他始終不能忘記自己曾經有過的那段生活。因此，他向學校捐款，使貧窮人家的孩子也有機會受教育；他向盲人醫院、孤兒院捐款，使殘疾人士和無依無靠的孤兒能活得更幸福。他特別喜歡資助那些貧窮而富有藝術才華的學生們，使他們能夠全身心的都投入到藝術之中。有人這樣做是為了贏得公眾的尊敬，因此更有利於企業的發展。但約瑟夫不是這樣，他不准下屬和捐贈單位張揚。因為他在追尋著自己年輕時，由於生活所迫而沒有上成大學的美好的夢。

他的事業並不只是賺錢，並不只是股票投機生意，他的慷慨大方而又悄無聲息的捐贈，他對藝術的熱愛和對藝術人才的關愛，都是他人生價值的體現。人生價值的實現就是他的事業。做股票投機生意取得金錢只是他實現人生價值的經濟基礎，沒有這個基礎，就談不上捐贈也談不上追求藝術。他說做股票投機生意使他體會到生命的樂趣和生命火花的激盪，使他感覺自己還年輕，還有敏捷的思維，還能和年輕人搏一搏。他說，一時的輸贏並不重要，重要的是自身個性的充分展現。他有句很瀟灑的話：**「不要問我能贏多少，而要問我能輸得起多少。」**

從猶太富翁約瑟夫的傳奇經歷中，不難發現通向財富的道路就在腳下，只要執著的去追求，用心的去把握機會，果斷的運用自己的膽識，財富會源源不斷的滾來。幾千年來，猶太人遭受了無盡的苦難，但這也練就了他們堅忍不拔的性格。在猶太人看來，苦難同樣也是一筆財富，只要一息尚存，就永不絕望，因為黑暗過後就是光明。

# 從0到一有多遠？

一個初涉商海的人，手頭資金一般不會太多，那麼怎樣才能在資金短缺的情況下求得大發展呢？這是一個非常實際的問題。

猶太人洛維格的傳奇經歷會給我們很多的啟示。

一八九七年，丹尼爾・洛維格出生於美國密西根州的一個小鎮，洛維格的父親是個房地產經紀人。洛維格十歲時，父親和母親離婚了。這樣，洛維格跟隨父親離開家鄉，來到了德克薩斯州的阿瑟港，這是一個以航運業為主的小城市。

洛維格對船情有獨鐘，幾乎到了沈迷的程度，高中沒念完就去碼頭工作了。他先給一些船主做幫工，拆裝修理輪船引擎。洛維格對這一行有出奇的靈氣，簡直稱得上無師自通。這可以看作他後來在船業上成就非凡的主因。

與鼎盛時期的洛維格相比，世界船王奧納西斯只能是大海中的小水滴。洛維格擁有當時世界上噸位最大最多的油輪；另外，他還兼營旅遊、房地產和自然資源開發等行業。

有句猶太諺語說：「從0到一的距離，大於從一到一〇〇〇的距離。」第一桶金的難度是最大的。窮小子洛維格是如何開始自己的事業的呢？出人意料的是，洛維格第一次做的生意只是一艘破船的生意。

他向父親借了五十美元，用其中一部分雇人把一艘沉入海底很久的柴油機帆船打撈上來，又用一小部分從船主手中買過來，然後用剩下的錢將它維修好，並將船轉手租給別人，不多不少，他從中獲利五十美元整。

他知道，如果沒有父親借給他的五十美元，他不可能做成這筆生意。同時，他也明白了一個道理：對於一個白手起家的人，要想擁有資本就得借貸，用別人的錢來開創自己的事業。

洛維格決定向銀行申請個人貸款。他找了幾家銀行，希望他們能貸款給他買一艘一般規格水準的舊貨輪，他準備動手把它裝設改造成賺錢較多的油輪，但是卻都遭到了拒絕，理由是他沒有有價值的擔保品。面對著一次次的失敗，洛維格並不氣餒，而是有了一個不合一般的想法。

他有一艘尚能航行的老船，他把它重新修理改裝，並精心「打扮」了一番，以低廉的價格包租給一家大石油公司。然後，他帶著租約合同去找大通銀行，說他有一艘被大石油公司包租的油輪，如果銀行願意貸款給他，他可以讓石油公司把每月的租金直接轉給銀行，來分期抵付銀行貸款的本金和利息。

經過研究，大通銀行的經理們答應了洛維格的要求。當時大多數銀行家都認為此舉簡直不可思議，把款貸給洛維格這樣一個兩手空空的人，等於是把錢白白扔進大海裏。但大通銀行的經理們自有他們的道理：儘管洛維格本身沒有資產信用，但是那家石油公司卻有足夠的信譽和良好的經濟效益；除非發生天災人禍等不可抗拒的因素，只要那艘油輪還能行駛，只要那家石油公司不破產倒閉，這筆租金肯定會一分不差的入帳的。

洛維格思維巧妙之處，就在於他利用石油公司的信譽為自己的貸款提供了擔保。

他拿到了大通銀行的第一筆貸款，馬上買下了一艘貨輪，然後動手加以改裝，使之成為一艘裝載量較大的油輪。他採取同樣的方式，把油輪包租給石油公司，取得租金，然後又以租金為抵押，再向銀行貸款，然後又去買船，如此週而復始，像滾雪球似的，一艘又一艘油輪被他買下，然後租出去。

等到貸款一旦還清，整艘油輪就屬於他了。隨著一筆筆貸款逐漸還清，油輪的租金不再用來抵付給銀行，而轉進了他的私人帳戶。

洛維格擁有的船隻越來越多，租金也滾滾而來，洛維格不斷累積資本，生意越做越大。

不僅是大通銀行，許多別的銀行也開始支援他，不斷的貸給他數目不小的款項。洛維格並沒有滿足，他又有了一個新的設想：自己建造油輪出租。

在常人看來，這是極為冒險的舉措。投入了大筆的資金，設計建造好了油輪，萬一沒有人來租，怎麼辦？憑著對船特殊的愛好和對各種船舶設計的精通，洛維格非常清楚什麼樣的人需要什麼型式的船，什麼樣的船能給運輸商們帶來最好的經濟效益。他開始為一些顧客「量身定造」的設計一些油輪和貨船。然後拿著設計好的設計圖，找到顧客，一旦顧客滿意，立即就簽訂協定。船造好後，由這位顧客承租。

洛維格拿著這些協定，再向銀行申請高額貸款。此時他在銀行家們心目中的地位已與過去不可同日而語。以他的信譽，加上承租人的信譽，洛維格向銀行提出給予他，很少人才能享受的「延期償還貸款」待遇。也就是說，在船造好之前，銀行暫時不收回本息，等船下水正式營運後，再開始歸還銀行貸款本息。這樣一來，洛維格可以先用銀行的錢造船，然後租出，以後就是承租商和銀行的事，只要承租商還清了銀行的貸款本息，他就可以坐取源源不斷的租金，自然而然的成為船的主人了。整個程序他不用投資一文錢。

洛維格的這種「空手套白狼」的賺錢方式，乍看有些荒誕不經，其實每一步驟都很合理，沒有任何讓人難以接受的地方。

如果說洛維格的初步成功是靠了他的天才思維，那麼後來他的事業跨上巔峰，多少還是靠了一定的機遇。

第二次世界大戰爆發時，也就是洛維格四十歲的時候，他已經有了規模不小的船廠和碼頭。隨著太平洋戰爭的開始和加劇，美國政府大量需求船隻。洛維格和政府機構很快打上了交道，政府向他訂購了大量的船隻。洛維格的資本急劇膨脹起來。

戰後，美國經濟開始走向繁榮，可是洛維格卻逐步陷入了困境。因為政府大大的提高了對造船業的稅率，各式各樣的稅賦像山一般沉重的壓得這一行業的人喘不過氣來。同時，工人工資提高、原材料價格上漲，形勢逼人。就在此時，洛維格以他的遠見，決定走出美國，向國外輸出資本。

當時，日本政府積極恢復經濟，正急需引進外資，以求發展。野心勃勃的洛維格把目光投向了那裡。日本戰前的海軍重港、從前專門生產主力艦的地方—吳港，因為戰爭的緣故，被美軍夷為平地。工人們紛紛被遣散，造船廠也關門大吉了。當時日本人一心想要重建它，但又不敢驚動美國政府，怕美國把吳港作為美軍的軍事造船基地。精明的洛維格猜透了日本政府的顧慮，便以私人的身分來到這裡，向有關部門進行遊說。他很快贏得了吳港地方官員的信任，跟他簽訂了造船協定，並向他提供了廉價的勞工和平價的鋼鐵。

洛維格租下了碼頭，不僅租金低廉，日本政府還給予他免稅的待遇。吳港的發展給洛維格的產業注入了新的活力。他所造的船噸位越來越大，船隊也越來越龐大。在世界各地的海域裏，都有了洛維格的船隻。

從0到一的距離到底有多遠？

這是一個沒有標準答案的問題。對有的人來講，終其一生都徘徊在這段困苦地帶；而另外一些人，好像很輕鬆的就走了過去。

從洛維格的經歷來看，那艘破船是他一生事業的起點，他憑藉著這艘船，閃轉騰挪，借助了很多的外界力量，迅速的完成了從0到一的飛躍。其實，猶太人歷來認為：借助別人的力量使自己的能力發揮最大效果是成功的捷徑，善於拜訪比自己有智慧的人可以使自己立於不敗之地。洛維格只不過是將這一理念發揮到了極致罷了。

## 善於借助政府的支援

猶太人李・艾科卡一九七九年到克萊斯勒汽車公司擔任總裁時，接手的是一個債台高築的爛攤子。萬般無奈，艾科卡只好求助於政府，希望得到美國政府的擔保，以便從銀行獲得十億美元的貸款，用於克萊斯勒公司發展新型的轎車。

這一訊息傳出後，在美國的各界引起了軒然大波，惹得一片斥責之聲。原來，在美國企業界有一條不成文的規矩，認為依靠外部力量，尤其是依靠政府的輔助來發展自己的企業，是不合乎自由競爭原則的。對艾科卡來說，這早在預料之中，對此，他已經做好了充分的準備。

首先，他引述了美國人所知道的史實，有根有據的向企業界說明，過去，洛克希德公司、全美五大鋼鐵公司和華盛頓地鐵公司，都曾經先後取得過政府擔保的銀行貸款，總額高達四〇九七億美元。克萊斯勒公司在瀕臨倒閉之際想請政府擔保一下，僅申請十億美元貸款，卻遭到如此非議，為何厚此薄彼？

接著，艾科卡向新聞輿論界大聲疾呼：挽救一個克萊斯勒，便是維護了美國的自由企業制度，保證了市場競爭的公平。因為，在北美只有通用、福特和克萊斯勒三大汽車公司，一旦克萊斯勒汽車公司破產垮台，整個北美市場就會被通用和福特兩家汽車公司瓜分壟斷。在一向以自由競爭精神引以為豪的美國，這種做法豈不使自由競爭精神蕩然無存？

對政府，艾科卡不亢不卑，提出了言詞溫和而骨子裏卻很強硬的警告。他熱心的替政府算了一筆帳：如果克萊斯勒汽車公司現在破產，那麼，將有六萬工人失業。僅破產的第一年，政府就必須為此支付二十七億美元的失業保險金，及其他社會福利的開銷。艾科卡彬彬有禮的向當時正為財政出現巨額赤字，而萬分窘迫的美國政府發問：您是願意白白支付二十七億美元呢？還是願意出面擔個保，幫助克萊斯勒汽車公司向銀行借出十億美元貸款呢？

對國會議員們，艾科卡的工作做得更是滴水不漏：他吩咐手下的人，為每個國會議員開出一張詳細的清單，上面列有該議員所在選區內，所有和克萊斯勒公司有經濟往來的經銷商、供應商的名字，並附有一份一旦克萊斯勒公司倒閉，將在其選區內產生什麼經濟後果的分析報告。這樣做的實質是暗示這些國會議員們：若是你投票反對政府為克萊斯勒公司擔保貸款，那麼，你所在選區內將有若干與克萊斯勒公司有業務關係的選民丟掉工作，這些失業的選民對剝奪他們工作機會的國會議員必然反感，那麼，你的議員席位還會穩固嗎？

艾科卡四面出擊，終於收到了奇效：企業界、新聞輿論界的反對派偃旗息鼓；國會那些原先曾激烈反對政府擔保貸款的議員緘默不語；政府也一改初衷，採取了積極出面擔保的合作態度。艾科卡採用有效的公關策略化干戈為玉帛，爭取到社會各界的同情與支援，他所需要的十億美元貸款終於順利的到手了。他利用這筆得之不易的貸款，一舉開發出了幾種新型轎車。從一九八二年起，克萊斯勒公司就實現了扭轉虧損為盈，翌年又賺取利潤九億多美元，創造了該公司有史以來盈利最豐的紀錄。

一切都可以為我所用，要最大限度的利用可以利用的一切資源。在完善的市場經濟中，政府是不應該介入到企業的經濟行為中去的，但在某種特定條件下，這並非完全不可能——這也是一條起死回生的途徑。獲得政府的支援，並不是靠著這棵大樹「好乘涼」，而要充分利用政府的充足的資源優勢，穩固的信譽度，去尋找廣闊的市場。

# 站在「最好」的肩膀上

紐約的一條街道上，同時有著三家裁縫店，裁縫師的手藝都不錯。可是，因為住得太近了，生意上的競爭非常激烈。為了搶生意，他們都想掛出有吸引力的招牌來吸引顧客。

第一個裁縫師在他的門前掛出一塊招牌，上面寫著這樣一句話：「紐約最好的裁縫師！」

另一個裁縫師看到了這塊招牌，連忙也寫了一塊招牌，第二天掛了出來，招牌上寫的是：「全國最好的裁縫師！」

第三個裁縫師是個猶太人，外出未歸。他的老婆眼看著兩位同行相繼掛出了這麼大口氣的廣告招牌，並且搶走了大部分的生意，心裏非常的著急，為了招牌的事開始茶飯不思——一個說「紐約最好的裁縫師」，另一個說「全國最好的裁縫師」，他們都「大」到這樣子了，我能說世界最好的裁縫師？這是不是有點兒太虛假了？

幾天後，猶太裁縫師回家了。老婆向他說出了苦惱，他微微一笑，說不用著急，他們在為我們做廣告呢。他也掛出了自己的招牌。果然，又來了很多新的顧客，猶太裁縫師的生意比以前更好了。

招牌上寫的是什麼呢？

這個裁縫師的口氣與前兩者相比，很小很小——「本街最好的裁縫師！」

「本街」最好，那就是這三家中最好的。你看，聰明的猶太裁縫師沒有再向大處誇自己的小店，而是運用了逆向思維，在選用廣告詞時選了在地域上比「全國」、「紐約」要小得多的「本街」一詞。這個小小的「本街」卻蓋過了大大的「紐約」乃至大大的「全國」。

猶太人認為，當你的競爭對手超過你時，不要著急，而是要詳細研究他們的優勢何在，只要你能夠找到答案，再想方設法「站」在他們的肩膀上，那麼你就是最好的了。

# 在四十後加個零

眾所周知，薄利多銷是一種有效的市場競爭手段，是與一般消費者心理特點相符合的定價原則。但在很多時候，這種定價方法不一定都能奏效。

在美國紐約的一條大街上，有個叫麥克的商人開了一家服裝經銷店，門面不大，生意也不怎麼興隆。

一心想發財的麥克專門聘請了一個高級設計師，經過精心設計，世界最新流行款式的牛仔服裝上市銷售了。

麥克對這一產品寄託了很大的希望，企盼一舉改變自己經營不好的狀況。為此，他投入了六千美元的資金，首批生產了一千件，成本為五十六美元，基於打開市場的需要，他採取了低額定價策略原則，把每件定為八十美元，這在服裝產品定價中算是比較低的了。麥克心想，憑著新穎的款式和低廉的價格，今天一定會開門大吉，發個利市。

於是他親自出陣指揮，大張旗鼓的叫賣了半個月，但購買者卻寥寥無幾。急昏了頭的麥克鐵下心來，每件下降十元銷售，又呼天喊的叫賣了半個月，購買者卻仍不見增多。估算著低價之下，必有勇夫，麥克又降低了十元價格，這可接近於跳樓價了，但銷售狀況仍是「外甥打燈籠—照舊」。向來不服輸的他，這時也顧不得那麼多了，乾脆大賤賣吧，每件五十元，工本費都不要了，實行賠本清倉，可是除了吸引了不少看客外，連原來還有幾個顧客的情形也更加不如了，購買者「落花流水春去也」，不再光顧。

徹底絕望的麥克自認命該倒楣，索性也不再降低和叫賣了，他讓人在店面前掛出：「本店銷售世界最新款式牛仔服裝，每件四十元」的廣告牌，至於能否銷售出去，只好聽天由命了。在繁華的紐約大街上，有這麼便宜的東西也真是少見。希望顧客們能可憐一下。廣告牌一掛出，還是無人問津。

這時，他的一位猶太朋友來看他，見麥克愁得可憐，就笑著向他教了一招。

這招很簡單，就是在四十元後多加了個零，這樣每件四十美元就變成了四百美元了，價格一下子高出十倍。但令人驚奇的是，零剛剛加上去，就陸陸續續來了不少購買者，興緻盎然的挑選起來。不一會的時間，還真的賣出了七、八件，並且隨後的銷售狀況是越來越好，「芝麻開花節節高」，生意空前的興隆。

站在一旁的麥克傻了，呆若木雞的站立在一旁。

一個月過去了，雖然麥克仍然是「丈二和尚摸不著腦袋」，糊里糊塗的，他的一千件牛仔服裝已經全部銷售一空。差點血本無歸的麥克，轉眼之間發了橫財，高興得不亦樂乎。

在實際的商業作用中，至於該如何使用「薄利多銷」、「厚利多銷」、「厚利適銷」，並無統一的法則可用，我們要根據商品的特性與公司的長遠原則，來視情況具體的分析對待。

## 「驚險的一跳」

僅僅只花了六年時間，猶太人哈德林就由一名窮困潦倒的失業青年，變成一個小有名氣的百萬富翁。

是什麼使他如此神速的獲得了成功？答案是他善於把握時機。

哈德林先生描述說，在他二十五歲的時候，看了一本致富方面的書，好像看到了一個輝煌世界，於是，他盡可能的瞭解有關投資和不動產的知識，一有機會便和從事房地產的朋友、親戚聊天，暗自為自己定下目標：在三十歲時成為百萬富翁。

有一天，一個房地產中間商激動的告訴他一個投資少、收益驚人的買賣：一所坐落在中產階級住宅區的現代式房子，維護良好，房子狀況極佳，屬於一流建築。房東出價一萬四千五百美元，由於某些原因，她必須在一個月之內把房子賣掉。哈德林聽完之後非常心動。經過討價還價，買賣雙方定為一萬美元，儘管哈德林當時銀行存款不足五百美元，但他覺得這是一個不容錯過的機會，即使萬一籌不到這筆錢，也只不過要付給中間商一百美元酬金而已。

他毫不遲疑的和房東簽了約，轉身直奔城裏最大的銀行，以借款的形式貸到了一萬美元，並且付給了房東。

他又來到另一家銀行，以新購的房產作抵押，貸款一萬美元還清了第一家銀行的借款。沒幾年，他的住戶又幫他還清了第二家銀行的貸款，如此這般，哈德林先生很快成為了百萬富翁。

在機遇來臨時，很少有人能夠說自己已經做好了充分的準備，伸手去抓住裝滿了金幣的口袋就可以了。事實是，在許多方面，你總會有所欠缺，需要極大的勇氣去完成「驚險的一跳」。當然，能否發現和意識到機遇的來臨，能否成功的跳躍過去，都要看你平時的累積和準備，也需要一點點好的運氣。

世界「假日客棧之父」、美國巨富威爾遜在創業初期，全部家當只有一台分期付款「賒」來的爆玉米花機，價值五十美元。

第一次世界大戰結束時，威爾遜做買賣賺了點錢，便決定從事土地生意。當時做這一行的人並不多，因為戰後人們都很窮，買土地修房子、建商店、蓋廠房的人並不多，所以土地的價格一直很低。

聽說威爾遜要做這不賺錢的買賣，一些朋友都來勸阻他。但威爾遜卻堅持己見，他認為這些人的目光太短淺，雖然連年的戰爭使美國的經濟衰退，但美國是戰勝國，它的經濟會很快復甦，土地的價格一定會日益上漲，賺錢是不會成問題的。威爾遜用自己的全部資金再加一部分貸款買下了市郊一塊很大的土地。這塊地由於地勢低窪，既不適宜耕種，也不適宜蓋房子，所以一直無人問津。可是威爾遜親自去看了兩次之後，便決定買下那塊雜草叢生的荒涼之地。

這一次，連很少過問生意的母親和妻子都出面干涉。可是威爾遜卻認為，美國經濟會很快繁榮起來，城市人口會越來越多，市區也將會不斷擴大，他買下的這塊土地一定會成為「黃金寶地」。

事實正如威爾遜所料，三年之後，城市人口劇增，市區迅速發展，馬路一直修到了威爾遜那塊地的邊上。大多數人這才突然發現，此地的風景實在迷人，寬闊的密西西比河從它旁邊蜿蜒而過，大河西岸，楊柳成蔭，是人們消夏避暑的地方。於是，這塊土地身價倍增，許多商人都爭相出高價要購買。但威爾遜並不急於出手，真是叫人捉摸不透。

其實這便是成功經營者高明的地方，威爾遜自己何嘗不知道這塊土地的身價，不過他看得更遠，此地風景宜人，必將招來越來越多的遊客，如果自己在這裡開個旅館，豈不比賣土地更賺錢？於是威爾遜毅然決定自己籌措資金開旅館。不久，威爾遜便蓋了一座汽車旅館，取名為「假日客棧」。由於地理位置好、舒適方便，假日客棧開業後遊客盈門，生意興隆。從那以後，威爾遜的假日客棧便像雨後春筍般的出現在美國與世界其他地方，這位高瞻遠矚的「風水先生」獲得了巨大的成功。

做生意如同下棋一樣，平庸之輩往往只能看到眼前一兩步，而高明的棋手則能看出後五六步甚至更多。能遇事處處留心，比別人看得更遠、更準，這樣做出的決策才可能切合市場發展的需要。

# 小魚也敢吃大魚

在商業經營過程中，猶太人常常採用蛇吞象的方法，快速擴大其經營領域和經營規模，以達到壟斷的目的。

猶太人善於資本運作，在企業組織形式上，他們也能夠不斷的發明創新。羅斯柴爾德家族在十九世紀組建的國際性的金融組織—國際辛迪加，就是一種制度建設上的突破。到了二十世紀六〇年代，猶太實業家在創造新的實業組織形式方面，又走到了時代的前沿，這種新實業形式便是聯合大企業。

聯合大企業與傳統的控股公司不同之處在於，聯合大企業的主要目的，一是透過兼併和盤購，使被控公司原先閒置或使用不當的資產得到較為合理的利用，從而促進資本增值；二是透過兼併和收購，不斷組成新企業，在證券市場上不斷發行新股票，透過股票的出售和買賣來謀利。

這種發展模式可以使一家小公司輕而易舉的吞併一個大公司。而聯合大企業本身的存在，首先決定依賴於這個循環過程的不斷持續。

這種新型經濟組織形式是美國猶太金融家和實業家，於二十世紀六〇年代發明的。當時，世界經濟正處於持續繁榮之中，證券市場極為活躍，而美國政府又採取相對來說較為放任的政策，因此給猶太實業家們實踐這種：「創造性資本經營的最高形式」，創造了良好的條件和環境。

一大批猶太企業投資銀行，如拉札德．弗里爾斯公司、特克斯特隆公司、萊曼兄弟公司、洛布．羅茲公司，以及戈德曼．薩克斯公司參與了這一場新型實業形式的發明；而在建設聯合大企業過程中，則數梅利特．查普曼和斯科特公司、里斯克數據程序設備公司、林．特科姆．沃特公司等一批猶太企業最為熱情。

梅利特．查普曼和斯科特公司被廣泛認為是世界上第一個聯合大企業，其經營者路易斯．沃爾夫森更被譽為「聯合大企業之父」，儘管第一個想出這個點子的不是他，而是特克斯特隆公司的羅伊利特爾。在最鼎盛時期，梅利特．查普曼和斯科特公司包羅了造船、建築、化工等方面的業務，其年銷售總額最高達到五億美元左右。

二十世紀六〇年代，是聯合大企業以其連續滾動的蛇吞象發展形式，大行其道的時期。但隨著一九六九年證券市場的崩潰，以及保守的共和黨上台，聯合大企業在各個方面都受到了限制。尼克森上台後，就指示司法部的反托拉斯部門採取針對所謂：「猶太人與牛仔的勾結」的行動。結果，在短短的兩個月內，十三家聯合大企業的股票狂跌，造成了五十億美元的巨大損失。儘管如此，聯合大企業並沒有因此而垮掉，它的表現開始漸趨穩健。

在猶太實業家中，伊利．布萊克及其聯合商標公司，能比較有代表性的反映聯合大企業的特點。

在二十世紀六〇年代，伊利．布萊克以「公司掠奪者」甚至「海盜」的綽號聞名美國商業界，因為他非常擅長於對企業進行估價，並採取相應的行動。可是這樣一個天才的企業家卻是半路出家的。

布萊克是猶太拉比學院的畢業生，他隨父母一起從波蘭遷移到美國，在擔任了幾年拉比後，轉而去哥倫比亞商學院學習。

離開學校後，他在萊曼兄弟公司工作了一段時間，管理羅森沃爾德家族的財產。之後，他買下了一個陷入困境的瓶蓋製造公司—美國西爾．卡普公司。用布萊克自己的話說，這是「一個規模很小而問題很大的公司」。布萊克對該公司進行了大改造，易名為AMK公司之後，便走上了盤購的道路。不久後，布萊克用資產總額僅為四千萬美元的瓶蓋製造公司追求另一家問題重重的公司—約翰．莫雷爾公司。這是一家肉類食品罐頭企業，規模為AMK公司的二十倍，資產達八億美元。

在實現目的後，布萊克又去追求一個歷史悠久，以波士頓為基地的香蕉種植和運輸公司—聯合果品公司。聯合果品公司在中美洲有幾十萬公頃的種植園，擁有三十七艘自己的冷藏船隊。

一個偶然的機會，布萊克從一家經紀公司獲得訊息，說該公司早在兩年前就曾以較高的價格向委託人推荐過聯合果品公司的股票，而現在又在尋找對象把它盤出去。布萊克立即採取行動，將這些經紀人手上的股票買下來，搶先了一步。緊接著，他又從摩根保證信託公司為首的銀行集團借貸了三千五百萬美元，以每股五十六美元，也就是比市場價高四美元的價格買進了七三．三二萬股股票。這筆交易是紐約證券交易所歷史上名列第三的大宗交易。在取得領先之後，布萊克希望不動干戈就把聯合果品公司收購下來，但很多商人也看到了該公司有油水，結果可想而知。一場大戰後，股票的價格由每股五十美元漲到了八十八美元。

煙消霧散，布萊克成了最終的贏家。他將新組建的聯合大企業取名「聯合商標公司」，這個食品加工綜合企業，規模十分龐大，令對手望而生畏。

# 失而復得的金幣

在複雜的商業活動中，很多人都有被偷、被騙，或被別人賴帳的時候，遇到這種情況時，我們不妨學學猶太人的高招。

有個猶太商人來到一個市場裏做生意，當他得知幾天後這裡所有商品將大拍賣時，就決定留下來等待，可是他身上帶了不少金幣，當時又沒有銀行，放在旅館也不安全。

經過反覆思忖，他獨自來到一個無人的地方，就在地裏挖了一個洞，把錢埋藏起來。第二天當他回到藏錢的地方時，發現錢已經不見了。他呆呆的愣在那裡，反覆回想藏錢的情景，當時附近沒有一個人啊，他怎麼也想不出錢是怎樣不見的。正當他納悶之際，無意中一抬頭，發現遠處有間屋子，可能是這家屋子的主人正好從窗戶裏看到他藏錢的地方，然後將錢挖走。

那麼，怎樣才能把錢要回來呢？經過深思熟慮，他去找那屋子的主人，客氣的說：「您住在城市，頭腦一定很聰明，現在我有一件事想請教您，不知道是否可以？」那人熱情的回答說：「當然可以。」

猶太商人接著說：「我是來這裡做生意的外地人，身上帶了兩個錢袋，一個裝了八百枚金幣，一個裝了五百枚金幣，我已把小錢袋悄悄的埋藏在沒有人知道的地方。但不知道這個大錢袋是交給能夠信任的人保管呢？還是繼續埋藏起來比較安全呢？」

屋子的主人答道：「因為你是初來乍到，什麼人都不該相信，還是將大錢袋一塊埋在藏小錢袋的地方吧。」

等猶太商人一走，這個貪心不足的人馬上取出偷來的錢袋，立刻放在原來的地方。這時，可把躲藏在附近的猶太商人給高興極了，等那人一走，猶太商人馬上將錢袋挖了出來，一溜煙的跑了。

能夠將落入別人口袋的東西重新拿回來，手段確實高明。因為他知道，每個人都會貪心，且貪慾會無限膨脹，要讓小偷把錢交出來，只能激起其更大的貪心，這個猶太人的機智就在於巧妙的利用了人的這種心理。

在商業操作過程中，會不可避免的遇到許多不好解決的棘手難題，靈活的使用「詐術」—當然要在不違反法律的前提下，既不給對方什麼承諾，又不給對方留下欺騙的「罪證」，且能得到對方的信任，就可以輕而易舉的達到自己的目的。

售貨員費爾南多是一個猶太人，有一次禮拜五他去了一個小鎮，但由於身無分文而無法食宿，他便找到了猶太教堂的執事，執事對他說：「禮拜五到這裡的窮人特別多，每家都住滿了，只有金銀店的老闆西梅爾家例外，但遺憾的是，他永遠不接納客人。」

費爾南多問明原因後，便肯定的說：「他一定會接納我的。」

之後，他就去了西梅爾家。敲開門後，他神秘兮兮的把西梅爾拉到一旁，從大衣裏取出了一個磚頭大小很重的包包，小聲說：「打攪您一下，請問磚頭大小的黃金值多少錢？」

金銀店的老闆聽後，眼睛一亮。可是，這時已到了安息日，不能繼續談生意了。為了能做成這筆生意，他便連忙挽留費爾南多在自家住宿，到明天日落後再談。

整個安息日，費爾南多都受到了熱情的款待。

當週六晚上可以做生意時，西梅爾滿面笑容的催促費爾南多把「貨」拿出來看看。

費爾南多故作驚訝的說：「我哪有什麼金子呀，我只不過是想打聽一下磚頭大小的黃金值多少錢而已。」

## 豪賭日元

作為「契約之民」的猶太人，他們總是在遵守契約的前提下，憑著自己的才能非常有智慧的賺取金錢。巧用法律規則賺錢，就是猶太人外匯買賣的絕活。

一九七一年八月十六日，美國總統尼克森發表了保護美元的宣告。精明的猶太金融家和商人立刻意識到，美國政府此舉是針對與美國有巨大貿易順差的日本。猶太人又從情報中獲悉，美國與日本就此問題曾多次談判。一切的跡象表明：日元將要升值。

更令人吃驚的是，這個結論不是在尼克森總統發表宣告後，而是在半年前得出的。眾多的猶太金融家和商人根據準確的分析結論，在別人尚未察覺之時，展開一場大規模的「賣」錢活動，把大量美元賣給日本。

當時，據日本財政部調查報告，一九七〇年八月，日本外匯儲備額僅三十五億美元，而一九七〇年十月起，外匯儲備額以每月二億美元的增加速度在上升。這與日本出口貿易發展有關，當時日本的收音機、彩色電視機及汽車生意十分興隆。但美國裔猶太人已開始漸漸向日本出「賣」美元了。

到一九七一年二月，日本外匯儲備額增加的幅度更大，先是每月增加三億美元，到五月份竟增加十五億美元，當時日本政府還被蒙在鼓裏，其新聞界還把本國儲備外匯的迅速增加宣傳為：「日本人勤勞節儉的結果」，似乎日本各界人士尚未發現這種反常現象正是美國裔猶太人「賣」錢到日本的結果。

在尼克森總統發表宣告的一九七一年八月前後，美國裔猶太人賣美元的活動幾乎到了瘋狂的程度，僅八月份的一個月，日本的外匯儲備額就增加了四十六億美元，而日本戰後二十五年間總流入量僅三十五億美元。

一九七一年八月下旬，也就是尼克森總統發表宣告十天後，日本政府才發現外匯儲備劇增的原因。儘管立刻採取了相對的措施，但為時已晚。美國裔猶太人預料的事情發生了：日元大幅度升值。日本此時的外匯儲備已達到一百二十九億美元。

後來日本金融界算了個帳，在這幾個月的「賣」錢貿易中，日本虧損掉六千多億日元（折合美元二十多億），而美國裔猶太人即賺了二十多億美元。

日本有嚴格的外匯管理制度，猶太人想靠在外匯市場上搞投機活動，是根本不可能的，但日本大蝕本卻是真實存在的。此外，美國裔猶太人如此異常的大舉動，日本人為何遲遲沒有發覺呢？猶太人又是如何得手的呢？這就涉及有「守法民族」之稱的猶太民族依法律的形式鑽法規的漏洞、倒用法律的高超妙處，這恐怕也只有受過「專業薰陶」的猶太民族才能表演此法。

從一九七一年十月起，日本外匯儲備額以每月二億美元的增加速度在上升，而這正是日本的電晶體電子及汽車出口貿易十分興隆的結果，這個增加速度是很正常的。

在日本人自己看來，他們的外匯預付制度是非常嚴密的，但猶太人卻看出了它有大漏洞。外匯預付制度是日本政府在戰後特別需要外匯時期頒布的。根據此項條例，對於已簽訂出口合約的廠商，政府提前付給外匯，以資鼓勵；同時，該條例中還有一條規定，即允許解除合約。猶太人正是利用外匯預付和解除合約這一手段，堂而皇之的將美元賣進了實行封鎖的日本外匯市場。

猶太人所採用的方法其實很簡單，他們先與日本出口商簽訂貿易合約（以日元計算），充分利用外匯預付款的規定，將美元折算成日元，付給日本商人。這時猶太人還談不上賺錢。然後等待時機，等到日元升值，再以解除合約方式，讓日本商人再把日元折算成美元還給他們。這一進一出兩次折算，利用日元升值的差價，便可以穩賺大錢。

從這則案例中，我們不難看出美國裔猶太人成功的經營思維在於「倒用」了日本的法律，將日本政府為促進貿易而允許預付款和解除合約的規定，轉為爭取預付款和解除合約來做一筆虛假的生意。這樣，日本政府就只能限於自己的法律，而眼睜睜的看著猶太人絕對合法的賺取了並不合理的利潤。

# 用信心和恆心賺錢

「怎樣才能賺到錢呢？」這個問題困惑著每一個經商者，很多人費盡思量，卻連「門」都摸不著邊。

猶太人認為，賺錢是一件靠智力和體力共同完成的事，也是世間最難做的事。賺錢這項人生遊戲，需要用頭腦、用訊息，並掌握人們的心理。只有這樣，才能賺到錢。

猶太人在經商時，會給自己制訂一個目標，這個目標是實際的，要有可能實行才可以。一家猶太人公司辦公室的正面牆上，掛著這樣一條標語：「有信心不一定會贏，沒有信心一定會輸；行動並不意味著成功，沒有行動一定會失敗。」這條標語的意思是說，敢想才敢做，想贏就會拚，敢拚才能贏。我們來看一下巧賺一筆的魔術方塊：在二十世紀七〇年代末期的時候，歐洲人創造了「魔術方塊」。當巴西人在報紙上看到歐洲人在玩「魔術方塊」的訊息後，許多廠家都捕捉到了仿製「魔術方塊」填補東方市場空白的機會。他們紛紛行動，派人去歐洲考察，瞭解「魔術方塊」的生產情況。

猶太人科萊爾敏銳的發現為生產「魔術方塊」創造條件，自己也會有發展機會。於是，他靈機一動，致電將生產「魔術方塊」的技術資料從歐洲電傳至巴西的聖保羅，爾後自己進行大量複製，同時將「魔術方塊」的廣告在聖保羅四家電視台大肆播放，而且敘述科萊爾公司將為你提供全套技術資料。一時間，上百家塑膠原料廠爭相搶購，一度蕭條的科萊爾公司，在轉眼間由衰變為興，金錢如洪水般滾滾而來。

猶太人尤伯羅斯，因為創辦了一家全美最優秀的旅遊公司，在一九八五年一月被《時代》雜誌評為當年頭號人物。對自己的信心和追逐目標的恆心，以及對事業的專心，使尤伯羅斯成為具有領袖風采的企業家。

在他的努力下，第二十二屆奧運會獲利二．五億美元。閉幕典禮上，眾多熱情洋溢的觀眾站起來為尤伯羅斯鼓掌。一個被稱為商界巨人的商人如是說：「我參加過許多體育活動，但是在我的一生中，還是第一次看到八萬四千人站起來，為一個賣給他們門票的人歡呼。」

曾經是紐約州最富有的猶太人柯特·卡爾森，他靠白手起家，成就了輝煌的人生。經濟大蕭條時期，他主要推銷貼水印花。大蕭條過後，他建立了年銷售額超過九十億美元的全球性的大型聯合公司。

柯特·卡爾森既沒有股東助陣，也沒有合夥人幫忙。他對自己充滿信心，認為他的判斷比別人都更為準確，他不想讓他們來打擾他的工作。卡特執政期間，美國遭遇了一段嚴重的經濟衰退期。在這個時候，柯特說了一番讓所有美國商人感到震驚的話。他說：「無論是今年和明年，或是更長的時間社會經濟狀況如何，對我的公司不會產生任何影響。無論有什麼情況發生，只要進入到一九八九年，我公司的銷售額一定能從原來的十億多美元增加到四十億美元。」

最後，柯特提前一年就輕易實現了自己的諾言。一九八七年的銷售額就達到了四十多億美元，二十世紀九〇年代初他的銷售額猛增到九十億美元。他還說過：「人的整個一生都在賽馬，很大程度上是和他自己競爭，因為他前面已沒有競爭對手。」

信心、恆心、專心，使尤伯羅斯、柯特成為最後的贏家。人們只要像他們一樣，那麼就肯定會成功。沒有打不破的世界紀錄，客戶永遠不會總是光顧一家公司，商界總是在生死之中變化和循環，它只為那些有信心、有目標和專心做事業的人們提供新的機會。

像尤伯羅斯、柯特這樣優秀的猶太人，為了能夠達到他們的賺錢目標，他們想到做到，所制訂的目標由四個實際的重要內容構成：第一，一心用到事業上，投入自己的全部精力；第二，尊重他人，包括所有的顧客、職員，還有經銷商；第三，追求產品的高品質；第四，完善的售後服務。

猶太人認為，在制訂目標時，一定要實際，要有實現的可能性。一家公司所制訂的目標，能夠適應社會的發展和科學技術的進步，所以他們能以最低的成本製造出技術含量高的產品，因此獲得較高的利潤。

猶太人認為，建立目標需要根據三個步驟來進行：第一個步驟是需要確立自己的目標；第二個步驟是需要制訂實現目標的計畫；第三個步驟是需要做出盡量精確的時間安排，以確保計畫的實現。

在猶太人看來，追求目標的前提，是無論如何也不能放棄，如果情況許可，也應具備適時擴大戰略的行動力。要想做到這一點，需要經商者具備冷靜判斷狀況的能力。

# 滑鐵盧戰地上的商人

訊息是重要的，有時一個訊息就可能決定生死存亡，這對於一個長期缺乏安全保障的民族來說，更是如此。正是因為這樣，猶太人對訊息是高度重視且極為敏感的。

在激烈的市場競爭中，商人們的機會是均等的，在大致相同的條件下，誰若能夠搶佔先機，誰就可以穩操勝券。而搶佔先機最有效的途徑就是取得並破解有關訊息。猶太商人的消息靈通是世界聞名的。

在這方面，羅斯柴爾德家族為我們提供了一個最好的案例。

羅斯柴爾德家族遍布西歐各國，這種分布能使這個家族較容易於獲得訊息，也使各種訊息具有了特別重大的價值：在此地已經過時的訊息，在彼地可能仍具有巨大的商業價值。為此，羅斯柴爾德家族特地組織了一個，專為其家族服務的訊息快速傳遞網，在交通和通訊尚未快捷的時代，這個快件傳遞網發揮的作用絕不容忽視。

十九世紀初，拿破崙與歐洲聯軍正艱苦作戰，當時，戰局撲朔迷離、變幻不定，誰勝誰負一時很難判斷。後來，聯軍統帥威靈頓將軍在比利時發起了新的攻勢，一開始打得十分糟糕，所以，歐洲證券市場上的英國股票非常疲軟。

倫敦的納坦・羅斯柴爾德為了瞭解戰局的走向，專程渡過英吉利海峽，來到法國打探戰況。

當戰事終於發生逆轉，法軍已成敗勢之時，納坦・羅斯柴爾德就在滑鐵盧的戰地上。納坦獲悉確切訊息後，立即動身，趕在政府急件傳遞員之前幾個小時回到倫敦。羅斯柴爾德家族靠訊息之便而佔了先機，他們動用了大筆資金，乘英國股票尚未上漲之際，大批吃進。短短幾小時後，隨著政府訊息的公布，股價直線上升，轉眼之間，羅斯柴爾德發了一筆大財。

這則軼事屬於金融界的傳說，但人們，包括猶太人自己，也把這種捕捉訊息提前決策的金融技巧歸之於羅斯柴爾德家族，顯然是人們對猶太人在訊息方面的卓越才能的認可。

訊息的管道很少來自於獨家情報，更多的時候，它是來自於多方面的，是來自於公眾的，因此這需要進行專門的收納、整理、分析，並且需要超常的破解功力。

下面這則故事中的猶太商人，就是從看似無用的訊息中，破解出生意先機而出奇致勝的。

伯納德·巴魯克是美國著名的猶太實業家，同時又被譽為政治家和哲人，他在三十出頭的時候就成為了百萬富翁。

一九一六年，他被威爾遜總統任命為國防委員會顧問和原材料、礦物和金屬管理委員會主席，之後又擔任軍火工業委員會主席。一九四六年，巴魯克擔任了美國駐聯合國原子能委員會的代表，並提出過一個著名的「巴魯克計畫」，即建立一個國際權威機構，以控制原子能的使用和檢查所有的原子能設施。無論生前死後，巴魯克都受到普遍的尊重。

創業剛開始，巴魯克並不太順利，但他憑藉著猶太人所具有的那種對訊息的敏感，在一夜之間他發了大財。

一八九八年七月的一天晚上，二十八歲的巴魯克正和父母一起待在家裏。忽然，廣播裏傳來訊息，西班牙艦隊在聖地亞哥被美國海軍消滅。這意味著美西戰爭即將結束。

那天正好是週日，第二天是星期一。按照常例，美國的證券交易所在星期一都是關門的，但倫敦的交易所則照常營業。巴魯克立刻意識到，如果他能在黎明前趕回紐約，利用在那裡才有的電報線，從倫敦股市大批吃進股票，那麼就能大賺一筆。

當時，小汽車尚未問世，而火車又在夜間停止行駛。在這種似乎束手無策的情況下，巴魯克卻想出了一個絕妙的主意：他趕到火車站，租了一列專車。巴魯克終於在黎明前趕到了自己在紐約的辦公室，在其他投資者尚未「醒」來之前，他就做成了幾筆交易，獲得了巨大的利益。

巴魯克在獲得訊息的時間上，並不佔先機，但在如何從這一新聞中解析出自己有用的訊息，據此做出決策，並採取相對的行動上，巴魯克確確實實的佔據了先機。巴魯克在不無得意的回憶自己多次使用類似手法都大獲成功時，將這種金融技巧的創制權歸之於羅斯柴爾德家族，但顯然，在對訊息的「理性算計」中，他是青出於藍而勝於藍的。

# 第四章

# 不可思議的「契約之民」

魚離開水就會死亡，人沒有禮儀便無法生存，而不講誠信則會受煉獄的懲罰。

猶太人認為，違約即是違神。所以，他們在簽訂合約前總是想盡辦法討價還價。因為不簽訂合約是你的權利，但只要簽訂就要承擔自己的責任，契約是神聖的，神的旨意絕對不可修改。猶太人一旦訂立了契約就會嚴格遵守，這樣既能使經營活動有秩序的進行，同時也避免了很多以後的糾紛和麻煩。正是由於這些規則的存在，才使得猶太人在他們活動的每一個地域範圍內取得了經營上的成功，積聚了巨大的財富，贏得了世界第一商人的美譽。

## 第一資本——信用

曾經有一個叫托馬斯的猶太人，有一年，他向友人借了四十萬美元，沒有財產擔保，也沒有存單抵押，只有一句話：「相信我，年底無論如何都會還你。」

到了年底，他的資金週轉非常困難，外債催不回來，欠款又催得緊。為了還朋友這四十萬美元，他絞盡腦汁才籌足到二十萬美元，剩下的二十萬美元怎麼也籌不到。

怎麼辦？老婆勸他向朋友求情，寬限兩個月，托馬斯搖搖頭。公司裏的「高參」給他出主意說：反正你朋友也不急著用錢，不如先還朋友二十萬美元現金，其餘的開一張空頭支票，等帳戶上有了錢再支付。

托馬斯勃然大怒，呵斥這位「高參」是沒有信用的人，並毫不猶豫的辭退了這位跟他多年的搭檔。最後他決定用自家的房子去抵押貸款，但銀行評估房屋價值二十四萬美元，只能抵押借貸十八萬美元。托馬斯橫下心，與老婆鄭重新商量後，把房子以二十萬美元低價賣出去，終於籌齊了四十萬美元。一家人再到市郊租了間房屋住。

朋友如期收回了借款，星期天準備約一幫人到托馬斯家去玩玩，但卻被托馬斯委婉的拒絕了，朋友不明白平日豪爽的托馬斯為何變得如此「無情」，便一個人驅車前去探個究竟。

當朋友費盡轉折才在一間農舍裏找到托馬斯時，他的眼睛濕潤了。他緊緊的擁抱著托馬斯，一個勁的點頭，臨別時擲地有聲的留下一句話：「你是最講信用的人，今後有困難儘管找我！」

第二年，托馬斯的公司陸續收回了欠款，生意做得非常的好，他又買了新房、添了小車。然而天有不測風雲，正當他在商場上大展身手時，卻被一家跨國公司盯上了。那家公司千方百計侵擠他的市場，並勾結其他公司騙取他的貨款。托馬斯的公司遭受了沉重的打擊，公司垮了，車子賣了，房子押了，他破產了，不僅一無所有，而且負債累累。

托馬斯想重振旗鼓，但是巧婦難為無米之炊。他想貸款，卻沒有擔保人和抵押品。

在他走投無路的時候，又想起那位曾經借錢給他的朋友，他帶著試一試的心理，找到了朋友，朋友沒有嫌棄失魂落魄的他，且不顧家人的反對，毅然再借給他四十萬美元。他有些顫抖的拿著支票，咬咬牙，堅定的說：「最多兩年我一定還你！」

曾經溺過水的托馬斯再到商海裏打拚，自然會小心謹慎而又遇亂不驚。他又成功了，兩年後不僅還清了債務，而且還賺了一大筆錢。每當有人問他怎樣起死回生時，他便會鄭重的告訴對方：「是信用！」

確實，信用本身就是一筆財富。生活中的每個人千萬不要有意無意的丟棄了它。為人處世不能沒有信用，做生意也同樣需要有信用。一個沒有信用的人，就好比牆上的蘆葦，終究站不住腳跟。而一個有信用的人，不論你處在什麼環境下，因為你有「重信守用」的好名聲，別人自然會格外的相信你。這樣，你在無形之中就為自己累積了一筆巨大的財富。

取得他人的信任，不能光說不做，而是要透過你的身體力行，一點一滴的去累積、去建立，方能取信於人。

## 打了十七年的官司

猶太人布勞斯坦和他的父親路易斯一起創立了美國石油公司。到二十世紀三〇年代，美國石油公司已經發展為汽油生產工業中的一支重要力量，建立起一個頗具規模的全國性加油站網路，其加油站總數約佔全國加油站的五％。但是，美國石油公司有一個嚴重的不足之處，就是缺乏自己的原油開採和供應，因而不得不向其他石油公司購買石油。

從公司發展大計出發，布勞斯坦家族和汎美石油和運輸公司商定，將美國石油公司的一半股份賣給汎美石油公司，而汎美石油公司則為美國石油公司提供原油。

但這一協定執行不久，汎美石油公司本身卻落入了印第安納美孚石油公司控制之下，原先談好的事情完全落空了。印第安納美孚石油公司強迫汎美石油公司，把開採出來的原油全部賣給新澤西美孚石油公司，而這家石油公司又正是美國石油公司的競爭對手。

印第安納美孚石油公司對美國石油公司處處加以防範，為了限制其生產能力，竟不讓它新建原油精煉裝置。這已明顯違反美國反托拉斯法，所以，該公司又提出讓美國石油公司和其完全合併，然後再新建一套精煉裝置。等到有關事宜談判好了之後，因為三〇年代經濟大蕭條，石油行業不景氣，印第安納美孚石油公司便出爾反爾，自食其言，合併之事被擱置一邊，不予考慮。

在這種情況下，布勞斯坦家族上訴法院，要求取消貿易限制。以一家小小的企業和美國最大富豪之一的洛克菲勒家族的美孚石油公司相對抗，其困難程度可想而知。用某些觀察者的話來說，這是一場註定要失敗的搏鬥。但布勞斯坦家族卻不畏強權，據理力爭。這場官司整整打了十七年之久，一直到一九五四年，美國石油公司和汎美石油公司都整個兒併入印第安納美孚石油公司，訴訟方告結束。

就訴訟最後取得的合併結果而論，布勞斯坦家族很難說是輸是贏，但是這不重要。因為最重要的是，它讓經商者看到，依法抗爭就不是弱者。而且，強烈的法律意識使布勞斯坦家族在之後的發展道路上通行無阻。一九五七年，布勞斯坦家族被列為美國第十一號富商，財產為一億至二億美元，成為全美最富有的猶太人。

作為一個商人，要有維護自身利益和維護自由競爭原則的意識，合作夥伴一旦失信或失約，並給自己造成損失，就要拿起法律的武器來保護自己。

## 不可思議的「契約之民」

一個日本商人和猶太商人簽定了一萬箱蘑菇罐頭合約，合約規定每箱二十罐，每罐一百公克。但在出貨的時候，日本人卻裝了一萬箱每罐一百五十公克的蘑菇罐頭，貨物的重量超出合約的重量不收錢，但是猶太商人還是不同意，並要求賠償，理由是違反了他們之間簽定的合約。

一般人都會想：佔了便宜還不罷休，猶太人真是過分！

最後，經過幾次談判，人們才開始「理解」猶太人的這一做法。一位英國律師這樣說：「從國際貿易規則和國際慣例來講，合約的品質條件是一項很重要的條件，英國法律將它稱之為要件。合約規定的商品規格每罐一百公克。而出口商交付的卻是一百五十公克，雖然重量增加了五十公克，但是賣方沒有按規定條件交貨是違反合約的。按國際慣例，猶太商人完全有權拒絕收貨並提出索賠。」

另一位熟悉市場的人士這樣分析：「猶太商人購買這樣規格的商品，是有著自己特定的商業目的，包括消費者的愛好和習慣、市場供需情況、對付競爭對手的原則等。如果出口者裝運的一百五十公克罐頭不適應市場消費習慣，那猶太商人是不會接受的。最簡單的就是，如果這次是一百五十公克的蘑菇罐頭和一百公克的蘑菇罐頭的價格一樣，那麼以後這位猶太商人的生意還要怎麼做？比如說，下一次他是繼續按這個價格走，但是重量又回到了以前的一百公克，消費者會怎麼看待？」

「而且很有可能的事情是，在一些進口管制比較嚴格的國家，進口申請許可證是一百公克的，但實際是一百五十公克。那麼很容易遭到有關部門的質疑，被懷疑為有意逃避進口管理和關稅，以多報少，是要受到經濟處罰或追究責任的，而且這還會影響對方的誠信。」

猶太人聽了哈哈大笑：「我們可沒有考慮這麼多呀。」

他們完全不懂了：怎麼回事，不是這個原因還會是什麼原因呢？

另一位猶太商人說出了答案—猶太人特別重視合約，一旦建立這種契約的關係，就必須遵守。在他們的傳統裏，他們和上帝是有契約的，人之所以存在，是與神簽定了和約所致，猶太人被稱為「契約之民」，他們把和約引進了生意，並且認為和約是生意的精髓，是神聖不可侵犯的，誰若無緣無故毀約，就是對神的褻瀆，不尊敬神的人早晚會遭到神的懲罰。

猶太人在執行合約上嚴予律己，也嚴予律人，把別人和自己是一樣的看待。若對方不嚴格履行合約，猶太人就會嚴加追究，並毫不心軟的要求對方賠償損失。

在商業往來或發展中，其前提是彼此的安全感。要建立這種安全感，需要交往雙方都信守所定的合約，謹守規則。但他們卻常在不改變合約的前提下，巧妙的變通合約為己所用。因為在猶太人看來，在商場上的關鍵問題不在於道德和不道德，而在於合法和不合法、守約和不守約。

猶太商人視商場為戰場，視他人為假想敵，心裏高度警惕，一切按照合約辦事，縱然有了「便宜」也不佔，其實這正是他們防範交易風險的智慧之舉。

## 摩根家族的成功之路

一八三五年，摩根先生成為一家名叫「伊透納火災」的小保險公司的股東，因為這家公司不用馬上拿出現金，只需在股東名冊上簽名就可以成為股東。這正符合當時摩根先生沒有現金卻想獲得收益的情況。

很快，有一家在伊透納火災保險公司投保的客戶發生了火災。按照規定，如果完全付清賠償金，保險公司就會破產。股東們一個個驚慌失措，紛紛要求退股。摩根先生斟酌再三，認為自己的信譽比金錢更重要，他四處籌款並賣掉自己的房子，低價收購了所有要求退股的股份。然後他將賠償金如數付給了投保的客戶。一時間，伊透納火災保險公司聲名鵲起。

已經身無分文的摩根先生成為保險公司的所有者，但保險公司已經瀕臨破產。無奈之中他打出廣告，凡是再到伊透納火災保險公司投保的客戶，保險金一律加倍收取。

不料客戶很快蜂擁而至。原來在很多人的心目中，伊透納公司是最講信譽的保險公司，這一點使它比許多有名的大保險公司更受歡迎。伊透納火災保險公司從此崛起。

許多年後，摩根家族主宰了美國華爾街金融帝國。而當年的伊透納火災保險公司的股東摩根先生，正是這個家族的創始人。

成就摩根家族的並不僅僅是一場火災，而是比金錢更有價值的信譽。還有什麼比讓別人都信任你更寶貴的呢？有多少人信任你，你就擁有多少次成功的機會。

花費十年時間累積的信用，往往由於一時一事的言行而失掉。信用還是企業的立身之本，守住信用就能守住客戶。

摩根家族是美國的一個商業帝國傳奇，為其家族建立巨大商業信譽的「伊透納火災保險賠付」，也成為各大商業院校課堂上的經典案例。其實，在許多不太有名的猶太人那裡，也可以找到很多的關於信用的故事，我們再來看一個「過期麵包」的小故事。

「棕色漿果烤爐」公司是一家猶太人開辦的麵包公司。公司的經營原則很簡單，只有四個字：「誠實無欺。」公司標榜凡是賣出的麵包都是最新鮮的食品，而且規定絕不賣超過三天的麵包，已過期的麵包全由公司回收。

有一年秋天，發生了這樣一件事，公司所在一州的部分地區發生大水，導致那裡的麵包暢銷，但公司照樣按規定把超過三天的麵包收回來，哪知車子行至半路，搶購的人一擁而上，把車子團團圍住，一定要買過期的麵包。但押車的運貨員怎麼也不肯賣，他幾乎哭喪著臉解釋：「不是我不肯賣，實在是老闆規定的太嚴了。如果有人明知麵包過期還賣給顧客就一律開除。」大家以為運貨員在耍花招，就跟他激烈的爭吵起來。

最後，一位在場的記者代表大家向運貨員懇求：「現在是非常時期，總不能讓人們看著滿車的麵包忍饑挨餓吧！」運貨員聽之有理，帶著神秘的表情，靠到記者耳邊悄悄的說：「我是說什麼也不賣的，但如果你們要強行購買，那我就沒有責任了，你們把麵包拿走，憑良心丟下幾個錢表示一下，反正公司是不會可惜這一車過期麵包的。」這麼一說，一車麵包很快就被強行買光了。運貨員腦袋也很靈活，趁機特意讓記者拍了一個他阻止大家強行拿麵包的場面，以證明這不是他的責任。

這個故事，後來經新聞記者在報紙上大肆報導，「烤爐」的麵包給消費者留下了深刻的印象，頓時公司的信譽鵲起。

對經營者來說，贏得客戶的信任比什麼都重要。「做生意最重誠懇實在，以誠待人，誠信經商，不賺昧心錢，不做缺德事。」一個猶太商人如是說。

# 最大限度的利用規則

猶太人重視規則和法律，但又總是在規則和法律的範圍之內的邊緣上活動。他們既遵守了規則，又最大限度的利用這些規則。對於這一點，一個普遍的說法是猶太人善於鑽法律的漏洞。

再密的鴨蛋殼總是有縫隙的。世上本來就不存在什麼十全十美的事，更不存在十全十美的法律或制度。

在衡量事物方面，猶太人也有自己的標準。假如一百分為滿分的話，猶太人認為六十四分就能算及格。在他們心中，能夠得到滿分的事物其實是不存在的，夠及格的事物倒是有不少。對於法律，更是如此。世界各國的法律，從來沒有、也永遠不可能達到一百分的最高水準。就連法律最為健全的國家，法律漏洞也不少，時常有人鑽法律的漏洞，甚至做盡壞事卻逍遙法外。滿一百分的法律沒有，僅達六十四分的要求一定不少。想經商賺錢的人，就要去熟讀相關的法律。在本國經商的人，必須熟知自己國家的法律；在外國經商的人，必須熟讀所在國的商業法規及有關的法律，相信一定能在人為的法規中找出漏洞，從而輕易開啟賺錢的方便之門。

在猶太人的成功秘訣中，很重要的一條就是不要受太多的束縛，必須敢於「創新」。任何一個國家，法律、條文都不少，對商人來說，束縛太多，並不利於賺錢。在商人看來，約束越少越便於賺大錢。如何才能擺脫法律的約束，而又不受其懲罰呢？唯一的辦法是尋找法律的漏洞，而且在合法的情況下，做對自己有利的生意。

猶太人認為，世界上沒有任何東西是完美的，更何況是人為的法律。完整健全的法律是不存在的，所以，只要你仔細研究，認真尋找，一定會找出不少的漏洞。這些漏洞對商人是絕對有好處的，它能使熟諳於法律的商人們既乘法律漏洞走方便之門，又借助法律維護自己的利益不受侵犯。這真可謂是一箭雙雕，一舉兩得。一方面，政府奈何不了他，不得不保護其利益；另一方面，他們卻遨遊於法律之中，充分享受法律規定的權利而逃避一定的義務。

不瞭解所在地法律的商人不會是個成功的商人，肯定也賺不了大錢。因為任何賺大錢者，都是在遵守法律的前提下，靈活使用法律的人。因為熟讀法律，他們知道有效規避現有的法律，就無法束縛他們。

老實的遵循法律條文的人，肯定是個頭腦守舊、不懂變通的呆板的人，這種人不可能成為出色的商人。不懂法律的人根本不能成為一個合格的商人，因為連法律都不懂，是不知道能如何保護自己的利益不受侵犯的。而商場上，利益侵犯是常事，所以這種人在初次交手中，就將被「吃」掉。商場如戰場，這種人在戰場上是永遠無法取勝的。

利用法律賺錢，是猶太人的一大法寶。猶太人對法律的鑽研是有一定的深度的。還記得那個有關「從身上割一磅肉」的故事嗎？夏洛克是要用法律來打敗對方。契約上寫明割一磅肉，可是聰明的夏洛克卻也有疏忽之處，沒寫明一磅肉是不是帶血的，最後因為這一無足輕重的細節疏忽，非但沒有解除心頭之恨，反而打輸了官司，斷送了財產。

在他國經商的人，如果能快速熟知所在國的法律，無疑取得了一張王牌，只要再加上一定的技巧，那麼就勝算在握了。鑽外國法律的漏洞，是非常有益於賺錢的。一般說來，法律制度越不健全的地方，鑽其漏洞就越容易。

守法是商業經濟社會中一個起碼的準則，如果不懂法律或不熟悉法律，那麼經營中必定會遇到大麻煩，不是由於違反了法律的準則，就是由於疏漏而造成損失。在這一點上，我們不得不佩服猶太人的過人之處。

## 只貸一百美元的猶太富豪

猶太商人是守規矩的商人，但他們總能在不改變規則形式的前提下，靈活的變通規則為其所用。下面這個故事就蘊含著這種智慧：

猶太商人巴拉尼走進一家銀行的貸款部，大大方方的坐了下來。

「請問，有什麼需要幫忙的嗎？」貸款部專員一邊問，一邊打量著一身名牌穿戴的巴拉尼。

「我想貸款。」

「好啊，您要貸多少？」

「一百美元。」

「啊？只需要一百美元？」

「不錯，只貸一百美元。可以嗎？」

「當然可以。只要有擔保，再多點也無妨。」

「好吧，這些擔保可以嗎？」巴拉尼說著，從皮包裏取出一堆股票、國債等等，放在經理的桌子上。說：「這些東西的總價值大概有五十多萬美元，夠了吧？」

「當然，當然！不過先生，您真的只要貸一百美元嗎？」

「是的。」說著，巴拉尼接過了一百美元。

「年息為六%。只要您付出六%的利息，一年後歸還，我們就可以把這些股票還給您。」

「謝謝。」說完，巴拉尼就準備離開銀行。

銀行的經理這天正在這裡，他一直在旁邊冷眼觀看。他怎麼也弄不明白，一個擁有五十萬美元的有錢人，怎麼會來銀行貸一百美元。他匆匆忙忙的趕上前去，對巴拉尼說：「不好意思，這位先生請留步！」

「有什麼事情嗎？」巴拉尼問。

「我實在不明白，您擁有五十萬美元，為什麼只貸一百美元呢？要是您想貸個三、四十萬美元，我們也會很樂意的……」銀行經理說。

「謝謝你的好意。看在你這麼熱情的份上，我不妨將實情告訴你。」巴拉尼微笑著說，「我是來貴寶地做生意的，感覺隨身攜帶這麼多的錢很礙事，就想找個地方存放起來。在來貴行之前，我問過好幾家金庫，他們保險箱的租金都很昂貴。所以嘛，我就準備在貴行寄存這些股票。租金實在太便宜了，一年只需花六美元……」

這是一則笑話，一則只有精明人才想得出來的關於精明人的笑話。這樣的精明，一般人想學也學不到，因為單單是盤算上的精明，是遠遠不夠的，首先更是思路上的精明。

對許多人來說，貴重物品應存放在金庫的保險箱裏，這是唯一的選擇。但猶太商人巴拉尼並沒有受限於常理，而是另闢蹊徑，找到讓證券鎖進銀行保險箱的辦法。從可靠與保險的角度來看，兩者確實是沒有多大區別的，除了收費不同之外。雖然規則不能變，但是活用規則卻能夠幫助我們達到自己的目的。

不過，至此猶太人的思考方式還只是「橫向思維」，怎樣把證券弄進銀行保險箱裏去，讓他們代管而幾乎不用付錢，才真正用上了「逆向思維」。

之所以進行抵押，在通常情況下，人們大多是為了借款，並總是希望以盡可能少的抵押物爭取盡可能多的借款。而銀行為了保證貸款的安全或有利，永遠不允許借款額接近抵押物的實際價值。所以，一般只有關於借款額上限的規定，其下限根本不用規定，因為這是借款者自己就會管好的問題。

但就是這個銀行「委託」借款者自己管理的細節，激發了猶太人的「逆向思維」：猶太人是為抵押而借款的，借款利息是他不得不付出的「保管費」，既然現在對借款額下限沒有明確的規定，猶太人當然可以只借一百美元，因此將「保管費」降低至六美元的水準。

透過這種方式，銀行在一百美元借款上幾乎無利可圖，而原先可由利息或罰沒收抵押物上獲得的抵押物保管費也只有區區六美元，純粹成了為猶太人義務服務，且責任重大。

當然，這個故事本身當然只是個笑話，但擁有五十萬美元資產的猶太人在寄存保管費上精打細算的做法，絕不是笑話，藉由「逆向思維」倒用規則的這套思路，更不是笑話。

規則是死的、固定的、不能改變的，但是活用規則卻能夠幫助我們達到自己的目的。這是猶太商人給我們的最大啟示。

## 「推火車」的變通之道

猶太民族是個注重契約的民族，素以守約守法著稱，但在實際經營活動中，他們也不可避免的同樣會遇到種種法律規則，與經營目標發生衝突形成兩難的情境，和一些喜好偏執於一端的他族商人不同的是，猶太商人的基本原則是化兩難為兩全。

下面這則故事，雖然其中並沒有出現商人的字眼，但人們都把它看做為猶太商人對這一難題的幽默解說：

由於住房問題很緊張，幾個德裔猶太人（猶太人中法律觀念最強的，就是德裔猶太人）只好將一個報廢的火車車廂當做臨時住所。

有一天晚上，這幾個德裔猶太人穿著睡衣，在寒風中顫抖不已的來回推著車廂。一個德國人不解的問：「你們這是在幹什麼啊？」

「因為有人要上廁所，」推車人耐心的敘述，「車廂裏寫著：停車時禁止使用廁所。所以，我們才不停的推動車廂。」

但凡乘過長途火車的人，都應該看到過這條規定。其意圖何在，大家也都清楚。現在既然車廂已經成為固定居所，此規定作為列車執行中的規定理當自然失效，雖然在保障「房子」周圍的環境衛生中還有必要遵守，可是這幾個德裔猶太人卻不知變通，死守規定，弄得兩頭不討好：人凍得要命，環境衛生仍沒搞好。

這是對這個故事的一般理解。

但我們若是換一個角度來看，猶太人的所作所為則完全不是一個「迂腐」的問題，反而是一種「變通」的表現了。

故事的前提是，這幾個猶太人是寄居在火車車廂之中的，就像猶太人長期寄居在其他民族的社會中一樣。還有，這條規定是鐵路主管部門制定的，無論其是否有效，應由列車車廂的所有人或鐵路主管部門宣布，這幾個猶太人沒有立法的權力，自然也沒有廢除某項法律的權力。這並非沒有意義，因為在實際的經商過程中，猶太人在各自所在國中，經常也要面臨這類原該自然廢棄，但偏偏還實際起著「作用」的法律，或約定而成的規矩，要是他們也經常越俎代庖的宣布予以廢除或犯規不已，帶來的恐怕遠不止「環境衛生」的問題了。規定既然不能廢除，用廁所又在情理之中，聰明的德裔猶太人就想出了讓列車「動起來」的點子；只要車廂一動，規定便從其本意上不適用了，無需再由任何人來廢除，既然鐵路主管部門從未規定是否允許人力推車，他們當然可以自行決定。而就在他們幾個人的瑟瑟發抖之中，規定沒有違反，如廁的要求也滿足了，不是兩全其美嗎？

所以，這則故事充分表明：在通常情況下，猶太人有變通法律，從形式上遵守，同時又沒真正改變自己原有活動中方式的智慧和能力。

我們把這個抽象概括同一則笑話扯在一起，並非牽強附會。「道在屎溺」，笑話本是最有「道」之處。只要我們把笑話中的兩難移進生意場上去，就會發現其中的妙處。

很多時候，行賄是生意場上幾乎不可缺少的手段，但許多國家都有禁止行賄的法律規定。尤其是在美國國內，對行賄的制裁很嚴。前文中我們提到的那個聯合商標公司的伊利・布萊克，就是在宏都拉斯總統強行索賄的情況下被迫繳納的，但即便如此，布萊克還是被政府主管部門公開點了名。

其實，也不能說美國政府規定得太死。和外國無法無天的統治者打交道時，並不能將美國的法律照搬過去。美國政府不是沒有看到這個兩難，所以規定了只需將付給類似人物的小費，在公布於眾的公司損益計算書中交代清楚，在對外貿易中一般並不禁止行賄。布萊克就是因為付了小費之後卻拒絕公開敘述，且小費數額又開創了紀錄，才會被點名的。

不過，布萊克的拒絕公開敘述，也有他的理由。行賄大多是暗中進行的，能拿到桌面上來的機會極少。聯合商標公司之所以把賄賂款存入瑞士銀行，因為宏都拉斯總統畢竟也有不方便之處。秘密談判之後，再來個公開敘述，不是多此一舉了嗎？在某種程度上，美國法律的這條規定自身仍有缺陷，雖然還沒有到車廂中的那條規定的嚴重程度。

在同樣的背景下，我們不妨來看看利昂・赫斯的做法，就會覺得這個猶太人的手腳做得乾淨多了。

猶太人利昂・赫斯是一個美國石油富豪，曾在全美富豪排行榜中名列第二十一名，控制著頗具規模的阿美拉達—赫斯石油公司將近二二%的有表決權的股份，擁有的財產據計算在二億至三億美元之間。

在一九八一年之前，阿美拉達—赫斯石油公司一直使用國外進口的高價石油，同時享受著政府每年二億美元的補助。但從一九八一年起，美國政府取消了國內石油價格管制，國內石油與進口石油的巨大差價不復存在，價格補助也就同時取消了。這麼一來，赫斯也開始為自己進口的石油價格發愁了。解決問題最簡便的辦法，就是向有關國家的官員行賄，爭取優惠價。

這種做法是石油行業中司空見慣的，一些大石油公司也都是走這條捷徑，只是大都採用各種財務會計手法來掩蓋諸如此類的付款，不讓主管機構查實。

赫斯比他們都聰明，他選擇了一種較為直接的方法：他在給股東們的信中告訴他們，「這一筆筆數額可觀的款項只從我個人的基金中支付」。而且這筆基金本身也不作為業務開支，在他個人應繳納稅款中扣除。

也就是說，赫斯是以個人的錢在為公司業務鋪路。不僅如此，他還得為這筆鋪路費用繳納個人所得稅。美國政府對行賄的有關規定，是在企業法人行為層面上的規定，對於個人之間的餽贈是完全不適用的，更何況餽贈金本身的稅額已經完全付清。這樣一來，赫斯就乾乾淨淨的避免了涉嫌有爭議的法人行為。更準確的說，行為本身仍然存在，但已不是法人行為，赫斯也沒必要再把付款的去向，向股東們說清楚。不過，只要賄賂還在送出去，優惠價的原油就會流進來，公司就能賺大錢，赫斯個人的腰包就會隨之鼓起來，他的個人基金也不會枯竭。

最後，美國政府也可以一方面禁止行賄，一方面又分享行賄帶來的利益，而股東們也樂得讓赫斯用他自己的錢為他們賺錢。

赫斯雖然沒有宣布政府有關規定無效，但卻以自己的方式使它完全不適用了。他的這筆個人基金與德裔猶太人在寒夜中顫抖不已的推動車廂，有異曲同工之妙。相比之下，布萊克的做法就顯得太過迂腐了。

## 納稅是和國家簽訂的「契約」

猶太民族是世界上最富有的民族，他們在歐洲、美洲、亞洲……到處都有龐大的財產，按這些財產來收稅必然是一筆可觀的數目。

好奇的人一定會問：「猶太人是不是也逃漏稅？」這句話要是被猶太人聽見了，他們一定會認為這是對他們的侮辱。猶太商人在納稅方面是積極而主動的，他們永遠不逃漏稅。

那麼，為什麼猶太人擁有世界上最多的財富，卻比世界上任何一個國家的商人都守規矩呢？對於這個問題，猶太人有一套自己的觀點，他們認為，納稅是和國家簽訂的「契約」，不論發生任何問題，都要履行契約。誰逃稅，誰就是違背了和國家所簽的契約。而違背「神聖」的契約，對猶太人來說是不可容忍的。

猶太民族是一個過慣了流浪生活的民族，沒有國家這個根，走到哪兒都要受人欺侮。到處受迫害的猶太人，必須處處小心的保護自己。他們保證向國家納稅，無疑是為自己取得居住國國籍、受人尊重而做出的努力。幾千年來，他們能在各個國家長期居住下去，並且賺得比本國國民更多的金錢，這其中的一部分功勞要歸於：「絕不逃漏稅」帶來的效應。

但猶太人的「絕不逃漏稅」態度，並不意味著他們輕易的就交出不必要的稅款。也就是說，他們絕對不會被人任意徵稅的。這是由他們精明的經商頭腦決定的。猶太人在做一筆生意之前，總是要先經過仔細的考慮，是否划得來，先大概算出減去稅額以外，他們能獲得多少純利潤。

一般商人在算利潤時，總是把稅金算在裏面。例如：一個中國人說他獲利三十萬，那其中一定包括稅金在內。而猶太人的利潤則是扣除掉稅額的淨利。「我想在這場交易中，賺十萬美元的利潤。」當猶太人這樣說時，他所講的十萬美元利潤中，絕對不包括稅金。那麼如果稅金為利潤的五〇%時，猶太人就必須賺取中國人所說的二十萬美元的利潤了。如果說在「絕不逃漏稅」上，猶太人有股「傻」勁，那麼計算扣除去稅金的利潤，這實在是太合乎猶太人精打細算的風格了。

其實，說絕不逃漏稅的猶太人傻，也不合乎道理，請看下面這個例子：

某個國家的人到海外旅行，由國外回來時，暗自攜帶鑽石，企圖不通過納稅而入境，結果被海關查出而扣留，遭受了巨大的損失。

這個人的一個猶太朋友聽到這件事情後，大為驚訝，他問：「為何不依法納稅，堂堂正正的入境呢？鑽石的輸出費，一般最多不會超過七％，如果照章納稅，堂堂正正的進入國境，那在國內再把鑽石賣出時，只要設法提高七％就可以了。這樣簡單的數學計算誰不會？」

由此可見，猶太人的依法納稅實在是一個明智之舉。

事實上，猶太人表現出來的並不僅僅是明智，因為他們自己也知道，依法納稅而不逃漏稅，這也需要一筆很大的稅款。如果有可能，誰不願意自己多賺點錢、少繳點稅。為了減輕「稅金」，猶太人不像一般「聰明」人那樣去逃稅，而是想出其他更巧妙、更合理、更合法的辦法來為自己減稅。

## 互助互諒，寬厚仁慈

猶太人認為，在現實生活中，人與人之間必須建立在一種互助互諒的關係，這種關係需要建立在互相理解的基礎上，這種理解從理論上說不管有多少環節，多少障礙，但只要我們大家都是人，就可以從自身的趨樂避害的原始要求上，找到理解他人的前提。

有一個拉比名叫希萊爾，他出身貧寒，但卻靠自己的天賦和勤奮，掌握了淵博的知識。希萊爾當了猶太教首席拉比之後，有一次一個非猶太人要希萊爾拉比在他能以一隻腳站立的時間裏，把所有的猶太學問全部告訴他。可是，他的腳還未提起來，希萊爾就已經把全部猶太學問濃縮為一句話告訴了他，這句話就是：「不要向別人要求自己也不願意做的事情。」

互相理解、互相謙讓的處世原則是一個樸素的準則，在具體的環境中，需要恰如其分的視實際情況來運用。《塔木德》上有個例子就很好的敘述了這一點：

有一次，有位拉比邀請六個人開會商量一件事，可是到了第二天，卻來了七個人。其中肯定有一個人是不請自來的，但拉比又不知道這個人究竟是哪一位。於是，拉比只好對大家說：「如果有不請自來的人，請趕快回去吧。」結果，七個人之中最有名望的人，那個大家都知道他一定會受到邀請的人卻站了起來，走了出去。

七個人之中必定有一個人未受到邀請，但既然到了這裡，而要自己承認資格不夠，是一件令人難堪的事，尤其還當著這麼多人的面。所以那位有名望的人退讓，可說是用心良苦。如此設身處地的為他人著想並採取相對行動，正體現了他的仁慈之心。

這則故事著重於發掘猶太民族，那種獨具特色的周詳妥帖的智慧。除此之外，還包含著一層承認他人人性的優先性，甚至克制自己的人性要求，以協調人際關係的涵義：任何一個人，都沒有權利把自己不願意要的東西強加於他人；任何一個人，也不應該把一般人都不要的東西強加給自己。

猶太人之所以把自己的足跡留在了地球上的每一個角落，並創造出了令世人刮目相看的商業成就，儘管也不時因自身的「暴富」或充當有「吸血鬼」之稱的高利貸者，而遭受異族的踐踏和殺戮，但他們作為一個弱小的民族，能夠憑著自己的信念和出色的成就而生存下來，這本身就是一個奇蹟。

在某種程度上，猶太人的這種道德觀念—相互尊重，彼此寬容，正是支撐他們在激烈的市場競爭中和強權夾縫中，求得生存與發展的藝術。

在具體的商業套用上，猶太人認為，為他人著想，其實也是為自己著想的一種迂迴方式。在商業經營過程中，如果有尷尬的事情發生，無論是誰的過失，聰明的商人都會選擇把難堪留給自己，為合作夥伴留足面子。

# 唯一可以信任的人是自己

綜觀猶太人的生存歷史，可以知道，他們的現實生活，幾乎都是處於動盪與逆境之中的。在這種情況下，如何在逆境中求得生存和發展，把握住自己的命運，是每個猶太人不得不思考的問題。長期的流浪和居無定所，加上意想不到的歧視和壓迫，使他們在艱苦惡劣的環境中，養成了一種獨立的生命意識。而對於後代，在他們還是孩提時就被灌以獨立的意識，以期能在未來的坎坷人生路上應對自如。這種獨立意識的培養，主要受益於猶太父母對孩子們進行的那種：「唯我可信」的知性教育。

在純真的童年時期，每個孩子都有一顆純潔的心，他們並不知道世界的真實面目，只覺得世界很美好。他們不僅相信自己，而且信任周圍所有的人。如此天真單純的人，是無法應付複雜的人類社會的。由於猶太人生來就處於逆境之中，生存的環境對他們來說更是充滿了荊棘。要適應這個環境，首先就必須懂得怎樣對待自己和他人。因此，猶太人在教育自己的孩子時，只讓他們相信自己，除了自己以外，任何人都是不可信的，包括他們的父母。

在猶太民族中，為了達到讓孩子們不輕信他人的目的，父母時常擔任壞人角色，不斷的騙自己的孩子，同時讓孩子清楚的意識到自己的雙親在騙自己。當孩子屢次上當受騙後，就會逐漸意識到，唯一可以信任的人只有自己。

下面這則小故事很能敘述這個問題，它講述的是父親和親生兒子之間的事：

洛克菲勒的父親叫威廉，他曾經說過：「我希望我的兒子們成為精明的人，所以，一有機會我就欺騙他們，我和兒子們做生意，而且每次只要能詐騙和打敗他們，我就絕不留情。」

洛克菲勒童年記憶中最深刻的一件事就是：有一次，父親讓他從高椅子上往父親懷裏跳，第一次父親將小約翰接住了。可是當小約翰第二次縱身跳下時，父親卻突然抽回雙手，讓小約翰撲倒在地上。

威廉是想經由這件事告訴兒子：世界是複雜的，不要輕信任何人，哪怕是最親近的人，都可能成為你的敵人。

在將孩子當寶貝的我們看來，這樣做未免殘忍了些，可是，猶太人認為這種做法也是合情合理的。他們認為，像這樣重複五、六次以後他們就不敢相信別人了，這樣做的目的無非是讓他們知道：世界上沒有一個人是可以相信的，唯一可以信任的就是自己。

猶太人這種唯我可信的思想，是孩子們獨立意識形成的基礎，它使猶太孩子從小便有獨立意識存在。他們相信，只有自己才能養活自己，靠別人來過活是天真的幻想。因此，他們在任何不利的條件下，都能堅強的生存下去。他們靠的是自己的能力，再加上強烈的生存意識，他們當然能找到賺錢的好辦法去解決自己的生活問題。

這種唯我可信的做法，也使猶太人在處理所有事務時，小心謹慎，認真思考後再做出抉擇，所以他們很少上當受騙。

這種培養孩子獨立意識的做法，正是猶太民族長期流散在外，卻依舊堅強的一個重要原因。在長期的流浪生涯和被人排擠中，堅強生存下來的猶太民族自然會對他人疑竇叢生。而商業經營者作為獨立掌握自己命運的市場經濟一份子，首先應該具備的就是這種理智的獨立生存意識。

這種意識構成了猶太人自我保護的防護罩，使他們永遠不輕易相信別人，永遠不陷於別人的商業陷阱；同時，這也讓猶太人永遠不被許多事物的表象所迷惑，所以他們總能夠在商海中任意馳騁、所向披靡。

# 第五章 慎用自己的舌頭

人固然不得撒謊，但有些實情必須予以隱瞞。

猶太人認為，談判是沒有硝煙的戰爭，三言兩語說得好能贏得人心，口若懸河說不好也會招來別人反感，所謂「禍從口出」，就是這個道理。因此，猶太人在談判時特別小心謹慎，永遠不信口開河，並在談判前盡可能的做好大量的準備工作，對談判中所有可能出現的問題都要預測到，並拿出相對的對策，做到成竹在胸。因而，猶太人在談判時幽默風趣、從容不迫、應對自如，能隨心所欲的控制談判氣氛，取得自己最想要的結果。

## 季辛吉做紅娘

據說季辛吉曾經做過一回紅娘。故事是這樣的：

季辛吉很賞識金融界的一位年輕人，他對這個年輕人說：「我想幫助你，一是娶到大富翁某某人的女兒，二是當上世界銀行的副執行長。」

年輕人說：「這怎麼可能呢？您別開玩笑了。」

季辛吉讓他耐心等待，然後自己就去找那個大富翁。季辛吉對富翁說：「我給你物色了一個好女婿。」富翁一聽這個年輕人的名字，是個無名之輩，就搖頭。季辛吉接著說：「我聽說世界銀行馬上要提他做副執行長了。」富翁立即表現出了興趣。

季辛吉又來到世界銀行，對執行長說：「我給你推荐一個助手。」執行長同樣搖頭，季辛吉說：「他可是某某人的女婿啊。」執行長於是馬上答應。

季辛吉是世界一流的談判高手，這個故事在博大家一樂的時候，也充分敘述了人家對季辛吉高超談判技巧的佩服。但是，無論多麼高超的技巧，都是以實力為基礎的，知識準備以及對對手的瞭解和把握都是實力的反映。

美國前總統福特訪問日本時，在遊玩中他曾隨意的向導遊小姐詢問：「大政奉還是哪一年？」導遊小姐一時答不上來，隨行的季辛吉卻立即回答說：「一八六七年。」季辛吉是如何能夠對一般日本人都不清楚的日本歷史如此熟悉？原因其實非常簡單，作為猶太人後裔的季辛吉深知事前準備的重要性，所以在訪日前早就閱讀過有關日本的大量資料。這種認真嚴謹的態度對經商者不無啟示。

充分做好談判前的準備工作，是一個非常好的習慣，這種方式不僅在世界商界，而且在世界外交界也得到了普遍的重視，巧舌能敵百萬兵，殊不知其背後傾注了多少心血。

當你和猶太人熟識以後，交談越多，你就越會覺得猶太人學識淵博，每個人都好似博士專家一般。他們的話題廣泛的涉及體育、娛樂、政治、經濟、歷史、軍事、時事，古今中外等，彷彿沒有他們不知道的事，沒有他們不曉得之理，而且他們所說的話絕對不是信口開河。

當猶太人向你談起汽車的構造，植物的分類和品種，甚至是大西洋海域特有魚群的名字……你會以為他們是這方面的專家。廣博的知識對猶太人而言，不光是用來作為談話的資料和改變談話的氣氛，更重要的是，知識可以開闊他們的視野，可以幫助他們從更多的角度來看待事物，以便找到最佳解決問題的途徑。

井底之蛙看天，天自然是很小的；而視野開闊的人，從商當然容易進入更高層次的境界。

猶太人精於心算，非常勤奮，並養成時時動筆的好習慣。只要是他們有觸動的東西，他們都要記錄，這是他們動手的實踐運用。

大多數的猶太商人都有愛做記錄的習慣，但他們並不隨身攜帶筆記本，通常在他們抽完香煙之後，把煙盒裏的錫箔紙抽出來，在背面做記錄，給人很隨意的感覺。回家之後，他們會對所做的記錄重新整理。

在商業談判中，猶太人也把做記錄當做習慣。日期、金額、交貨期限及地點，樣樣都會記得清清楚楚，沒有絲毫差錯。談判中的這種記錄實際上，是猶太人生意交易的備忘錄。有時候，由於生產期限太緊，而對方也故意裝糊塗，於是對猶太人說：「我們當初談判時的交貨日期好像是定在十一月九日，先生你記得有誤吧？」

猶太人根本不理這一套，錫箔紙背面的記錄就是他們的原則。他會毫不客氣的跟對方說：「不！是您記錯了，應該是十一月八日，當初我們所談的一切，我都記錄得非常清楚和準確。」

## 「呼叫奥迪斯先生」

在競爭日益激烈的商戰中，談判顯得越來越重要，如果說決策是「運籌於帷幄之中」的話，那麼「決勝於千里之外」的實戰階段則非談判莫屬了。那是真正的短兵相接，唇槍舌劍，你來我往，寸利不讓。雙方都只有共同一個目的：使自己的利益放到最大。這種從各自利益出發帶來的結果，常常使談判陷入僵局。這裡介紹一種開啟僵局的有效方法—軟硬兼施。

霍華．休斯是一個大富豪，他性情古怪，喜怒無常。他曾經為大批購買飛機一事與飛機製造廠談判。休斯事先列出了三十四項要求，對於其中的幾項要求是非滿足不可的。休斯親自出馬與飛機製造廠進行談判。由於休斯脾氣暴躁，態度強硬，致使對方很氣憤，談判氣氛充滿了對抗性。雙方都堅持自己的要求，互不讓步。休斯蠻橫的態度，使對方忍無可忍，談判陷入僵局。

事後，休斯感到自己沒有可能再和對方坐在同一個談判桌上了，他也意識到自己的脾氣不適合這場商務談判。於是他選派了一位性格較溫和又很機智的人，做他的代理人去和飛機廠代表談判。他對代理人說；「只要能爭取到那幾項非得利不可的要求，那我就滿足了。」出人意料的是，這位談判代表經過一輪談判後，就爭取到了休斯所列出的三十四項要求中的三十項，這其中自然包括那幾項必不可少的要求。休斯驚奇的問那位談判代理人，是靠什麼武器贏得了這場談判的。他的代理人回答說：「這很簡單，因為每到相持不下的時候，我都問對方：『你到底希望與我解決這個問題，還是留待霍華．休斯跟你們解決』？結果對方無不接受我的要求。」

這詼諧幽默的回答恰恰是解決問題的關鍵所在，有了前面強硬的霍華．休斯作為對比，這個較溫和的代理人便顯得「慈眉善目」了，接下來的事情進展得非常順利。軟硬兼施，達到的目的只有一個，即取得談判的成功。

還有一則著名的例子，來自美國南北戰爭期間：戰爭剛一打響，軍火大王─杜邦家族立即宣稱效忠於政府，因此撈到大批軍火的合約。那時，政府供應的印度硝石缺貨，林肯總統擔心英國可能支援南方，而停止供應東印度市場上的硝石。林肯要求杜邦公司的拉摩特·杜邦，以杜邦公司的名義包攬世界硝石市場，給予的優惠條件是允許這些硝石由杜邦公司提煉。拉摩特同意了。

一八六一年十一月，年輕的拉摩特·杜邦來到英國，用美國政府價值五十萬美元的金條收購了英國所有的硝石，只等裝船完畢，便可出港駛往美國。可是就在這時，麻煩來了。《泰晤士報》發表了一篇文章反對裝運這船貨物。拉摩特不予理睬，加快裝船速度。這時，碼頭上走來了一位英國海關官員，聲稱要檢查貨主的證件。裝船工作即刻停止。拉摩特見風轉舵，殷勤的邀請這位官員共進午餐，從他口中套出了扣船禁運是首相帕墨斯頓勳爵的指令。拉摩特馬上趕回華盛頓，私下建議林肯用戰爭來威脅英國，林肯同意了。

幾週後，他回到倫敦，多次求見英國首相，但都遭到了拒絕。他感到這樣下去是解決不了問題的，於是，有一天，在唐寧街十號等待接見時，他突然從椅子上躍起，不顧侍從的阻攔直奔首相辦公室。就在那裡，他向首相發出了最後通牒：不給硝石就打仗。首相答應下午決定此事，但拉摩特說不行，並且說看來仗是非打不可了。然後便氣沖沖的離開，留下一堆人面面相覷不知如何是好。當天晚上，首相親自到飯店找到他，並給他一張護照。這樣，裝有一百萬磅硝石的貨船終於啟航了，這使杜邦家族名聲大振且獲得巨額利潤。而拉摩特有著「外交牌」撐腰的強硬手段，顯然是贏得這次勝利的關鍵原因。

談判場上，瞬息萬變，宜硬則硬，宜軟則軟，其中關鍵訣竅，還有待諸君在實戰中具體把握。

適時離開談判桌我們已經學會了：當條件不合意時，就起身離開談判桌。可別輕視這個訣竅：不論是談判、合股或是不動產的買賣，千萬別自我設限，誤以為這是談判，就非談不可。離開談判桌，交易的籌碼通常只多不少。隨時準備離開談判桌而且說到做到：你會再度回到談判桌上，而且行情看漲。

汽車行業裏有一招欺敵之術叫：「呼叫奧迪斯先生。」顧客上門時，先給他那輛歷盡滄桑的老車和一個低得令人驚訝的折舊價，然後再給新車開個令他更滿意的價錢。他會再去繞個兩三家，才知道這筆生意是再好不過了，一定會回到原來的公司。

業務員詳細寫下這筆交易的注意事項並請這位顧客簽名，然後故意不經意的問這位顧客其他業務員給他什麼條件。顧客在這當下，紅著臉很得意的說出談判中最寶貴的法寶—情報，也就是另外一家開的價碼。

這時業務員說：「還有一道手續，每筆生意都需要我們經理通過才行。我馬上打電話給他。」銷售人員按下電話上的對講機，說道：「呼叫奧迪斯先生……呼叫奧迪斯先生。」當然，根本沒有奧迪斯這號人物。是有一位銷售經理沒錯，不過真名可能是史密斯或瓊斯之類。

奧迪斯是一家電梯製造公司的名字—只不過這架電梯是永遠向上的。銷售經理出面了，把業務員拉出房間，讓顧客獨自心急如焚一陣子。不久，業務員回來，敘述經理不允許這筆生意，然後再以其他家出的價碼和這位顧客談，你也許很納悶，為什麼這位顧客不乾脆拍拍屁股走掉算了。

因為他已經在這裡投下了太多情感，他原先打算就在這家公司把交易談定：車都選好了！藍色車身加上內部紅色裝潢的那輛，而它就在那展示台上，等著他把它開走。當他和業務員閉室密談之時，老婆正坐在駕駛座上，孩子則在座椅上高興的蹦蹦跳跳。而且，他早就跟同事們吹牛，他是一個多麼精明的談判高手！

如果他「不」簽字，需要有很大的勇氣，而且一切必須從頭來過……孩子可能會大哭大鬧……而且同事也會在背後嘲笑他，他可能就會痛下決心：好吧！一萬五千美元的車，再多個八百七十五美元算什麼？他只有簽字，拿到他所想要的分期付款的繳款單據本子。而這時他若回頭看的話，一定會發現那位銷售經理與那位業務員正坐在辦公室裏偷偷竊笑呢。

這種「虛虛實實」的談判招術實際套用很廣，效果也十分明顯。其實談判並不僅限於雙方面對面的坐在一張談判桌旁，唇槍舌劍的爭論不休，它可以運用許多手段來進行。千萬別有這樣的一種誤解：因為這是談判，就非得談不可。

# 慎用自己的舌頭

「假如你想活得更幸福、更快樂，就應該從鼻子裏充分吸進新鮮空氣，而始終關閉你的嘴巴。」這是《塔木德》中的一句話，也代表了猶太人的觀點。和猶太人打過交道的人都知道，猶太人總是尊敬那些懂得傾聽藝術的人，而討厭那些只是喋喋不休的人。

《塔木德》上曾經記載著這樣一個故事：

有一個猶太婦女喜歡東家長、西家短的說人是非。

多嘴本是女人的天性，但她卻做的太過分了，以至於連平常饒舌的三姑六婆們也都無法忍受。

終於有一天，很多人約定一起到拉比那裡，去控訴這個婦人的行為。

拉比聽完女人們的控訴後，讓這些女人們先回去。然後，拉比就立即請人去將那個多嘴的女人找來。

「妳為什麼總是無中生有，對鄰居太太們品頭論足呢？妳難道不知道那是讓人討厭的嗎？」

多嘴的女人笑著說：「我並沒有杜撰什麼故事啊！也許我說得有點誇張了，不過我說的不是很接近事實嗎？我只是把事實稍微修飾一下，使它更有聲有色而已。但是或許我真的太多嘴了，連我丈夫都這麼說呢？」並表達了自己想改掉這個毛病的意思。

「好吧！讓我們來想一想，有沒有什麼好的治療方法呢？」拉比想了一會兒之後，走出房間，然後拿回一個大袋子，對女人說：「妳把這個袋子拿去，到了廣場之後，妳就打開袋子。」然後又如此這般的吩咐了她一番。

女人接過這個袋子，覺得很輕，她很納悶，非常想知道裏面裝的是什麼東西。於是加快腳步的走到廣場去，到了廣場之後，她迫不及待的打開一看，裏面裝的竟然是大堆羽毛。

那天，是一個萬里無雲的日子，微風輕吹，令人覺得非常舒爽。婦人按照拉比的吩咐，一面走，一面把羽毛擺在路邊，當她走進家門時，袋子剛好空了。然後她又提著袋子，一邊撿，一邊回廣場。

但涼爽的秋風卻吹散了羽毛，以致所剩寥寥無幾。女人只好回到拉比那裡，她向拉比說，一切都照拉比的吩咐去做了，但是，卻只能收回幾根羽毛。

「這樣的結果是正常的。」拉比說，「所有的馬路新聞，都像是大袋子裏的羽毛一樣，一旦從嘴裏溜出去，就永無收回的希望。」

這個婦人從此改正了自己的壞習慣，不再說人是非，道人長短。

猶太人認為，長舌遠比三隻手更令人頭痛，假話傳久就會變成惡言，謠言足以隔離親近的朋友。因此，不要用嘴巴去發現自己沒有看見的東西。

同時，拉比還告誡人們說：「遇到鬼的時候，你一定會拔腿就跑；同樣的，遇到馬路訊息時，你也要快速的逃。」

猶太人認為，當所有人都不再在背後道人長短時，一切糾紛的火焰就會自動熄滅。因此，猶太民族很討厭多嘴多話的長舌婦，對謠言更是深惡痛絕。

猶太民族有一句話：「當傻瓜高聲大笑時，聰明人只會微微一笑。」猶太人相信善於傾聽的人，是個聰明人；而喜歡表現自我、喋喋不休的人，通常都是個傻瓜。

因此，猶太人認為，把沉默教給自己的舌頭，這在與人交往中有很大的好處。為此，《塔木德》告誡猶太人要：「如同對待珍寶一樣，慎重的使用自己的舌頭。」

猶太人認為舌頭好似利劍，必須小心使用，否則不但會傷害別人，還會傷到自己。

猶太人喜歡用藥來比喻言語，即適量的言語可以一針見血，但是用量過多就會越描越黑，反而有害。所以猶太人永遠不隨便亂說，每說一句都會仔細斟酌。

猶太民族是一個寡言的民族，為此，他們還有一些警世良言，比如：

「舌頭表面沒有骨頭，所以應該特別小心。」

「應該由心來操縱舌頭；而不應該由舌頭來操縱心。」

有人戲言，《塔木德》之所以有這麼多關於「舌頭」的告誡，一定是因為饒舌而絆倒的猶太人太多的緣故。無論這種說法有沒有根據，少說多聽已成為大多數猶太人的處世智慧，卻是不爭的事實。

## 充滿誘惑的心理暗示

憑藉「心理暗示術」，來實現自己推銷產品的目的，可以說是猶太人經商的又一個秘訣，因為他們明白暗示的最大好處，在於暗示者不需要任何承諾，而受暗示者就可能做出種種「投己所好」的允諾。但既然自己已經做出了傻事，事後就只能怪自己太粗心，而與暗示者毫不相干。

猶太人深諳此道，在商海中總能運用自如，取得了非凡的戰績。

二十世紀五〇年代，沃爾夫森被譽為金融奇才。他從負債經營開始創立了自己的事業道路。剛開始時，他向友人借了一萬美元，買了一家廢鐵加工場，將其變成為一個利潤很高的企業。剛過二十八歲的沃爾夫森，財產一下子突破了百萬美元大關。

一九四九年，沃爾夫森以二百一十萬美元的價格，買下了首都運輸公司，這是設在美國首都華盛頓特別行政區的一套地面運輸系統。沃爾夫森有能力把虧損的企業辦成高利潤的企業，這是大家都知道的。但這一次，沃爾夫森還沒來得及做到這一點，就公開宣布：公司將要增發紅利。

諸如此類的手法本身並沒有什麼特別的地方，只是沃爾夫森發放的紅利超過公司這一段時間裏的利潤。這等於說，他以公司老底做賭注，人為的製造企業高利潤的假象，藉此策動人心，讓大眾產生對該企業的高度期望。

果不其然，首都運輸公司的股票在證券市場被大家看好，價格一路上漲。趁此機會，沃爾夫森將其手中的股份全部拋出，僅此一舉利潤竟高達六倍。

沃爾夫森的事業王國當然並非完全靠策動人心建立起來的，但也不可否認，策動人心確實加快了其形成過程。

天性使然，每個人都會有一道心理防線。在他神智清晰時，就連職業刺探者也會束手無策。

「怎麼辦呢？」也許你會問。

「將他擊昏！」心理學家的回答肯定讓你吃驚不小。

當然，這只是一種形象的說詞，並非真正要你去把消費者「擊昏」，而是對他們進行心理催眠，讓他們「神志不清」，甚至「休克」過去。

催眠的方法很多，暗示就是其中比較有效的一種。暗示的過程，實際上就是使人不啟動自己的判斷力，因而下意識的陷入頭腦不思維的精神狀態，或採取某種下意識的行動。催眠可以強化回憶的能力，使人想起很久的往事。例如：一個年輕人在經過催眠之後，竟能將十五年前的電視廣告詞一字不漏的講出來。

例如：一家電影院在放映影片的過程中，突然插入了一段口香糖廣告，時間很短，一晃而過，觀眾還沒有意識到是怎麼回事時，廣告已經消失。但在潛意識之中卻留下深刻印象。看完電影之後，大家都到劇院門外的售貨亭買口香糖，效果極佳。這則廣告對於人們的購買行動起到了暗示作用。

著名的可口可樂公司也用過這種方法，結果發現，戲院旁的可口可樂銷量提高了將近二〇%。每一個人都很容易受到暗示的影響。例如，消費者看到維他命的廣告詞：「疲倦是疾病的開始」，就會受到「我是不是病了」的暗示，於是內心就感到越來越疲倦，只好遵從廣告宣傳，服用那種維他命，而疲勞就自然消失。也許消費者根本就沒有疲倦現象，只是由於暗示的影響而產生了這種幻覺。

哪些人更容易受到暗示的影響呢？調查顯示，就性別而言，女性群體更容易受到暗示的影響，男性一般比較理性，不易受到影響。所以，以女性為對象的商品，利用這種暗示效果一定不凡，如：「讓妳提前下班（化妝品廣告）」、「烏溜溜的秀髮誰不愛（洗髮精廣告）」。一句「味道好極了（雀巢咖啡廣告）」，更是讓眾人皆大歡喜。

就年齡而言，年輕人較容易受到暗示的影響，特別是兒童。比如，一家食品公司，印製了一些兒童玩具畫冊，別的都與一般畫冊一樣，只是在每頁的左下角若無其事的印有自己的商標圖案，這些圖案，在幼兒的腦海中留下深刻的商標印象。兒時的記憶對於將來的購買行為會產生一定的影響。其他如贈送有商標的汽球、廣告兒歌等。一些開發兒童智力的產品，對孩子及其父母都有一定的暗示。下一次見到該商品時，就會有購買的衝動。

作為一種銷售手段，暗示同樣需要講究策略。暗示過程一般分兩個階段：首先使消費者產生一種想法，然後在想法的基礎上採取行動。針對不同的商品、不同的人採取不同的策略。比如早幾年特別流行的一種名叫命令性策略的暗示，這種策略將內容和目的直接告訴對方，使他們有危機感存在，迫使自己果敢行動。如：「數量有限，欲購從速」、「清倉大拍賣」、「緊急行動，除夕大贈送」，以及「跳樓」之類的廣告語等。

命令性暗示策略要求訴求語言精練簡潔，不能拖泥帶水。現代生活節奏越來越快速，消費者沒有太多的時間去思考為什麼要大拍賣，因此，這種暗示會有條件反射的引起消費者的興趣，促使消費者產生一種強烈的購買慾望，因此達到交易的目的。

## 明確的時間限制

談判桌上，經常會遇到一些人端著架子準備進行持久的拉鋸戰，而且他們放任生意的截止日於不顧。對此，猶太人主張以出其不意的方法，提出時間限制。這一原則要點包括，在生意場上來個突然襲擊，改變態度，使對手在毫無準備的情況下束手無策，不知所措。

對方原認為時間很寬裕，但突然得到終止談判的訊息，而此次生意對自己來說又至關重要，他不可能不感到手忙腳亂。由於他們很可能在資料、條件、精力、思想、時間上準備並不充分，在經濟利益和時間限制的雙重驅動下，只得屈服，並在協議上簽字。

猶太人亞科卡是汽車業的鉅子，當他在接管瀕臨倒閉的克萊斯勒公司之後，他感到自己的第一步任務就是壓低工人薪資。首先，他降低了進階職員的薪資的一〇%，自己也從年薪三十六萬美元減為十萬美元。隨後他對工會領導人說：「十七元一小時的工作是有的，二十元一小時的工作一件也沒有。」

這種強制威嚇且毫無策略的話語當然不會成功，工會立即拒絕了他的要求。雙方僵持了一年，始終沒有進展。

不久後，亞科卡心生一計。有一天，他突然對工會代表們說：「你們這種間斷的罷工，使公司無法正常運轉。我已跟勞工部門通過電話，如果明天上午八點你們還不上班的話，將會有一批人來頂替你們的工作。」

此時工會代表嚇壞了，他們本來想透過談判，在薪資問題上取得高一點的收入，因此他們也只在這方面做了資料和立場上的準備。但沒料到，亞科卡竟會來這麼一招！被解聘可不是鬧著玩的，這將意味著他們從此失去工作，失去收入。

經過短暫的討論之後，工會基本上完全接受了亞科卡的要求。亞科卡經過一年曠日持久的拖延戰都未打贏過工會，而出其不意這一招竟然奏效了，而且解決得乾淨利落。

攻其不備，採用突然襲擊法，講究一個「奇」字，常常能夠取得意想不到的成功。但它並非一個無往不勝的利器，一旦被對方預料到最壞後果，並做出準備，突然襲擊便發揮不出威力了。

採用這種方法要注意，一定不能太過，否則就會無法收場。不妨看一則反例：

美國通用電器公司在與工會代表的談判中採用了：「提出時間限制」的技巧長達二十年。這家大公司在剛開始的時候，使用這一方法屢屢成功。

但到了一九六九年，電氣工人的挫敗感終於爆發。他們料想到他們最後肯定又是故伎重演，提出時間限制來要挾，在做了應變準備之後，他們放棄了妥協，促成了一場超越經濟利益的大罷工，使得通用電器公司元氣大傷，損失慘重。

一般來說，在採用這種方法時，必須注意以下事項：

第一，一定要做到出其不意。在提出最後期限時，要求當事人必須堅定的語氣，不容通融。運用此道，在談判中首先要語氣舒緩，不露聲色，在提出最後通牒時則要語氣堅定，不可使用模稜兩可的話語，使對方存有希望，以致不願簽約。因為對方一旦對未來存有希望，想像將來可能會給自己帶來更大的利益時，就會不肯簽約。因此，堅定有力、不容通融的語氣會替他們下定最後的決心。

第二，在提出時間限制時，一定要明確、具體。在關鍵時刻，不可說「後天上午」或「明天下午」之類模稜兩可的話，而應該是「明天中午十二點整」或「後天早上九點整」等更具體的時間。這樣的話會使對方有一種時間緊迫感，使其沒有心存僥倖的餘地。試著比較一下這兩種最後通牒的效果：「如果你們滿足不了我們的要求，我們就只好考慮其他辦法了。」「我們必須今天就做決定。二十點以前對方應對我們的條件給予慎重考慮，否則我們將考慮與其他公司成交。」顯然，後一種說法語氣堅定且時間緊迫，不給對方留下任何考慮的餘地。

第三，以具體行動來配合所提出的最後期限。用具體行動來實現最後期限，勢必會使對方的神經繃得更緊。具體做法是：收拾行李、與旅館結算、預訂車、船、機票等，恰當的肢體語言可以促成對方更快下定決心。

第四，讓談判的領導著發出最後通牒具有更強大的威力。在一般人看來，人的層級越高，說出的話就越有分量。當然，出其不意的致勝對方時，必須掌握語言分寸，不言過其實，自己一定要擺出一個務實主義者的風度，這就要求：首先，抓住對方成交心理，使其產生心理壓力；其次，不要貪得無厭，應做到適當的讓步；再次，堅持用客觀條件說服對方，使其心悅誠服；最後，不要以高高在上的姿態，向對方施壓。

# 以其人之道還治其人之身

在談判過程中，如果談判對手對你百般刁難，肆意製造各種難題來向你施加壓力，猶太人認為，你最好的應變辦法就是——「以其人之道，還治其人之身」。

有個名叫列雷姆的猶太人想在斯騰塔島購置一塊土地，與他打交道的賣主是個地產大王，此人精於討價還價，只有在他認為再也榨不出更多的油水時才會成交。

列雷姆透過熟人瞭解到，在談判中，這個地產大王善於使用一種叫做「平台」的手法。開始，這個刁鑽的賣主會派一個代理人來和你見面，磋商價錢。在握手告別時，你會以為買賣的價格和條件已經談妥了。然而當你和賣主本人會面後，你卻發現那不過是你一相情願而已，而不是他肯接受的賣價。接著，他自己又開出一些你很難接受新的要求，把價錢抬得更高，使成交的條件對他更有利。他用這種方法把價錢抬高到一個新的

「平台」上，迫使你要嘛接受，要嘛拉倒。由於當時斯騰塔島上正興起地產熱，人們都瘋狂的介入房地產，因而，他的方法在大多數情況下往往都能成功，很多商人在別無選擇的條件下，只好付給他更高的價錢，他也因此而財源滾滾。

除了「平台」策略外，他還有一種伎倆，那就是要你在成交後，半個月內就要過戶，而根據當時的習慣做法，過戶期一般都是合約簽訂後兩個月。他用這一手段逼迫買主做出更多讓步。

他耍這一套手法十分得心應手，而且善於掌握火候，不會把對方逼過頭，而使生意告吹。他耍這套「平台」手法，往往還會拿起筆來準備在合約的最後簽字的當口，又把筆擱下，提出「最後一個條件」，再談判下去，這種非凡的本領，奧妙在於掌握對方的忍耐能保持到什麼程度。

可是，這位賣主剛想對列雷姆也來這一手時，就被列雷姆識破了。列雷姆自有對策，他的對策可以稱之為「拆台」。

當賣主想把他往第一個「平台」上推時，他卻微微一笑，開始講起故事來。他編造了一個叫做多爾夫的人物。他說，他從來沒能從這位多爾夫先生手中買成一塊土地，因為每當他認為雙方已談妥成交之時，多爾夫總是又提出更多的要求，對他步步緊逼。多爾夫從來不知道滿足，非要把條件抬高到對手無法容忍，買賣就此告吹的地步不可

「拆台」確實是一種好對策。那位賣主剛想把列雷姆往「平台」上推時，列雷姆就緊盯著對方的眼睛，笑著說：「您瞧，您瞧，您怎麼做起事來也像多爾夫先生一樣。」就這樣，他把那位賣主弄得動彈不得，半點也施展不開他的「平台」伎倆。

這種以毒攻毒的應變對策，貴在談判者預先發現談判對手的攻擊傾向。這就要求談判者十分機警，能夠及時判斷出談判對手下一步所要玩弄的手段，搶先給對手設定障礙，使他所要施展的手法失去用武之地。

當然，談判者不可能對任何談判對手所要玩弄的花招都瞭然於胸，以毒攻毒有時候也適用於事後補救，如果談判對手提出的要求極為不合理，你也可以義正詞嚴的警告對方，如果對方識趣，就會自覺收斂。

下面這則猶太民間故事，能更好的讓談判者，掌握「以其人之道，還治其人之身」的精髓。

很久以前，耶路撒冷有一對鄰居，他們一富一貧。富裕的魚行老闆很善於經營，他

從早到晚忙於他的工作，做出香噴噴的鰻魚。但是他太吝嗇了，對誰也不肯賒帳。

而鄰居窮鞋匠，非常喜歡吃鰻魚卻無錢購買。窮則思變，到了中午，鞋匠假裝著和魚行老闆閒聊，坐到燻魚的爐子邊，一邊貪婪的吸著燻魚的氣味，一邊從懷中掏出米餅大嚼起來。這味道多好啊！鞋匠心裏想著，彷彿他嘴裏嚼著一大塊又肥又柔軟的鰻魚。

一連幾天，鞋匠天天跑到魚行來吸燻魚的氣味，吝嗇的魚行老闆發現了鞋匠的企圖，決定無論如何都要收他的錢。

這天早晨，鞋匠正在補鞋，魚行老闆走進鞋匠家，交給他一張紙條，上面寫著鞋匠去魚行吸氣味的次數。

「老闆，你這是什麼意思？」鞋匠心中已猜中了八九分，但卻故作不解的問。

「什麼意思？」魚行老闆不客氣的叫道，「難道你認為每個人都可以隨便到我店裏聞燻魚氣味嗎？你必須為你這種享受付錢！」

鞋匠聽了，一句話也沒說，就默默的從口袋裏掏出兩枚銅幣置入茶杯中，搖動起來。銅幣發出很響的聲音。

過了一會兒，他停止了搖動，把茶杯放在桌子上，笑著對魚行老闆說：「聽到銅幣的響聲了吧！我們的債務一筆勾銷！」

「你說什麼？怎麼勾銷？」魚行老闆嚷著。

「剛才，我以銅幣的聲音付了你燻魚的氣味。你要是以為我鼻子得到的要比你耳朵得到的多，我還可以讓你的耳朵再多聽一會兒。」鞋匠說著，又去拿茶杯。

吝嗇的魚行老闆深怕一會兒自己聽到的聲音比鞋匠吸的氣味還要多，還沒等杯子發出聲，就偷跑回自己的店裏。

「以虛對虛，以詐對詐」，當談判者碰到無理的要求時，最好學一學鞋匠以聲音抵氣味的妙法，無理的要求自會不攻而破。

## 調和利益而非立場

一般說來，談判雙方在立場上爭執不休是很難達到目的的，因為不同的立場只會給彼此製造隔閡。猶太商人認為，要想使合作成功，雙方必須著眼於利益之上，因為利益才是談判雙方的共同點。

猶太商人的經驗是：談判時，只能調和雙方利益而不調和雙方立場。這種方法行之有效，其原因有二：第一，任何一種利益，滿足的方式都是多種多樣的；第二，談判雙方的共同性利益往往大於衝突性利益。

一般的生意人，通常會認為對方與自己的立場對立，就認為相互間存在利益上的衝突：如果我們防止對方侵犯利益，對方就一定想來侵犯。但在許多生意談判中，只要深入審視潛藏的利益，就可以發現，雙方的共同性利益要比衝突性利益多的多。

我們不妨以房東與房客之間的共同利益來分析：第一，雙方都需要穩定。房東需要穩定的房客，房客要找到時間長一點的居住地。第二，雙方都希望房間維護得很好。房客要住在裏面，房東想要增加房子的價值以及建築的名氣；第三，雙方都希望建立良好的友誼。房東想要房客按月付租金，房客希望房東做必要的房屋維修。

雙方不可避免的還有些不同但不衝突的利益：比如，房客因為有過敏反應，所以他不喜歡新刷的塗料，房東則不願花錢重新粉刷所有的房間；再比如，房東可能希望第一個月的房租有所保證，因此想讓房客提前預付。房客對房間很滿意，他可能對何時付房租並不太在意。

當考慮了上述共同利益和不同利益之後，雙方在低房租與高收益方面的對立利益就容易解決得多了。雙方的共同利益也許會促使他們簽一份雙方都滿意的合約，比如定下長期合約，雙方共同承擔改善住房條件的費用。

雙方為了友誼做一些努力，不同的利益就可以得到滿足。比如第二天預付第一個月的房租，房客花錢買塗料，房東額外負擔粉刷費用。不要把調和雙方利益分歧的事想得太容易——這就好像一個人一手要把向北去的驢子拉回來，另一手又想把向南去的驢子拉回來一樣，有時費心費力，也未必能獲得圓滿結局，成敗的關鍵是要找到訣竅。

我們不妨再來看看兩個人爭吃一個桔子的故事。

有對兄弟倆，都想吃同一個桔子，因此就一分為二。但他們並未瞭解有一位想吃果肉，另一位只想用桔皮烘烤蛋糕。這個故事如同許多談判案例一樣，圓滿的協定之所以有達成的可能，正是因為每一方所要求的是「不同」的東西。你瞭解了這一點，一定會感到驚訝，人們一般都認為雙方的差異只會造成困難。然而，「差異」有時卻能引出解決問題的方法。

很多時候，「協議」往往是基於「不一致」而達成的。假如股票購買人一定要說服售出人，相信價格會上升然後才成交，那豈不是笑話。如果雙方一致認為股價將上漲，售出人就可能不想出手了。

想法不一樣是正常的。股票交易之所以能達成，正是因為購入者認為會漲價，售出者認為會降價之故。想法的差異，是達成交易的基礎。許多創造性的協議，都顯示出「透過歧異達成協議」這一原則。

在利益和想法上的歧異，可以使得某一項目對你有很大的利益，而對另一方則損失不大。調和雙方利益的第一個訣竅是：擬定一些你本身可以接受的選擇方案，然後徵詢對方偏好哪一項。你希望知道的只是對方偏好哪一項，不必知道對方可接受哪一項。然後你再細分對方偏好的那項選擇方案，將之分為兩種以上的不同方式，再請對方選擇。如果要用一句話來概括如何「契合」的話，那就是尋找對方損失有限，而對你大為有利的方案；反之亦然。

看法不一樣沒關係，正是在利益上、次序上、信念上、預測上，以及對風險抱持的態度上有差異，才會促成雙方「契合」。因此，商人談判的座右銘也可以是：「差異萬歲！」調和雙方利益的第二個訣竅是：把雙方的注意力都放在談判的內容上。現在你正在設法尋找可以改變對方抉擇的各種選擇方案，以便對方做出令你滿意的決定。你要給對方的不是問題而是答案，不是困難的決定而是容易的決定。在這一階段中，你務必把注意力放在決定的內容上。決定常常會受到不確定因素的影響。你往往希望得到的越多越好，但又不知道得到多少才夠。你可能會說：「你說出來，我就知道夠不夠。」這在你自己看來，也許言之有理，但若是從對方的角度看，你就知道必須提出更令人信服的理由。因為不管對方做什麼或說什麼，你都會認為還不夠—你還想要多一點。要求對方再往前多走一步，並不會產生你心中期望的結果。

假如你想讓一匹馬跳越柵欄，就不要再加高柵欄。許多談判者都不能確切的知道自己向對方提出的要求是，「形式上說說」還是「實際成效」，這兩者的區別是很大的。如果你希望的是「實際成效」，就不要給談判空間增設障礙。

在多數的情況下，你想要的是一項承諾。你可以設法提供幾項可能的協定。在談判中為了理清思緒而動筆，這是非常正確的。從最簡單的可能方案入手，然後擬出幾種可能性的選擇。

你有沒有考慮過這些問題：對方會同意哪些條件對雙方都具有吸引力？可以在拍板時減少有發言權的人數嗎？你能拿出一份對方容易履行的協議書嗎？

通常而言，人們對尚未開始的事情就打退堂鼓，對已經開始的事情則難以罷手；對已經進行了一個階段的事情可能罷手，而對剛剛著手的全新行動則會努力進行。如果員工希望工作同時能聽聽音樂，則公司容易同意讓員工自行播放音樂，而不容易接受由公司播放音樂。

由於大多數人都會受到「合法性」概念的強烈影響，所以設法使解決方法具有合法性，是解決方法容易被對方接受的有效方式之一。對方比較容易接受從公平、法律和榮譽角度出發被認為是正確的事情。最後，猶太人對調和雙方的利益表現出，樂於接受的態度，也認為公正是唯一的保證。

## 談判的秘密

猶太人認為，說話是沒有硝煙的戰爭，說得好能贏得人心，說不好則導致談判失敗。因此，猶太人在說話時特別小心謹慎，永遠不隨便亂說。但在社交場合或談判桌上，猶太人卻能隨機應變、對答如流，並能表現的異常幽默風趣，且能夠隨心所欲的控制談判的氣氛。事實上，他們並不是天才，關鍵是他們在談判前已做好充分的準備工作。正如美國前國務卿季辛吉所說：「談判的秘密在於知道一切，回答一切。」

猶太人認為，談判絕不僅僅是雙方坐在談判桌前，面對面的交換意見或討價還價，它更是一幕精心策劃的戲劇，需要積極的準備和非凡的藝術，是彼此間勇氣的較量。透過調整和妥協，談判雙方才能達成一致。

「與其迷一次路，不如問十次路。」這是猶太商人的口頭禪。其意也是說人在行動前要把目標和方向瞭解清楚，而不要貿然行動。

成功談判的精髓是首先定下自己的理想目標，並且做好如何實行它的計畫。人既是文化動物，也是感情動物。因此人的情緒往往受到經濟的利益、名利、情感等諸多因素影響，而左右著一個人的態度和心態。在談判中，時刻牢記自己此次談判的目的，控制住自己的情緒和心態，而且保持始終如一的堅定態度。

只有先明確目標，才能在談判對手面前保持冷靜，而從容取勝。

談判的取勝基礎在於周密的準備，周密的準備不僅包括弄清問題本身的有關內容，同時，也包括知曉與其相關的種種微妙差異。為此，要事先調查談判對手的心理狀態和預期目標，以正確的判斷出，用何種方式才能找到雙方對立中的共同點。否則在事到臨頭時，會給別人情況不熟悉或優柔寡斷的印象，因此給對方造成可乘之機。

商業談判一般遵從自願平等、互利互惠的原則，否則的話，雙方自然都不會坐在談判桌前。只有既考慮到自己的利益，又考慮到對方的利益，雙方才能合作成功，否則誰願意白白為你效勞？

在這個世界上，從來都沒有免費的午餐，沒有人願意讓別人白白佔了便宜。所以，不要忘記，在談判中一定要給對方一點好處。談判成功之根本，在於找到自己與對方的共同利益。

在談判中，當自身處於劣勢時，應克服自己的恐懼和驚慌，應該想到，不管對手是多麼強大，只要他坐到了談判桌上，就敘述在某一方面他是不希望談判破裂，一旦失去合作，他自然也會遭受一定程度的損失。

因此，在身處弱勢時，重要的是要有戰勝自我、不畏強勢的信念。只要有勝利的信心，就有勝利的希望。在此基礎上，尋找強勢者的「弱點」，而能從容不迫的討價還價，而不是在對方的威逼下撿了芝麻卻丟了西瓜。

在談判中最大限度的爭取自己的利益，當然是所有談判者的最大理想，但更要記住，絕不可以將所有的好處都佔盡。在談判時寸步不讓，不給對方一點好處是極不可能的。最好的選擇是在預先考慮好的合理範圍內，以小換大，給對方心動的好處，因為談判沒有百分之百的勝利，只有百分之百的失敗。

## 有一個較高的目標會讓你得到更多

有經驗的猶太商人，都會在談判準備階段設定一個合適的談判目標，因為這樣更容易實現自己所期望的結果。要確定談判的目標，需要在談判之前準備好與生意目標相關的技術與價格資料，同時對對方的態度和可能發展的趨勢有所把握。因此，猶太人認為，準備階段確定的目標是整個談判成敗的關鍵所在。在你坐在談判桌上之前，那些你所該做而沒做的工作，就已經決定了你談判的表現。

有兩位談判專家做過這樣一個有趣的實驗。他們在進行交易的兩個人之間安置了一道柵欄，讓談判雙方都看不到對方，也聽不見對方的說話，他們之間的賣價、買價只能靠傳遞紙條來溝通。在溝通過程中，雙方所得到的訊息是完全一樣的。但是一方被告知，他能以十美元成交；另一方則被告知他能以五美元成交。結果，期望以十美元成交者，果然如願以償；期望以五美元成交者，也和預期的相差不遠。

一位猶太人也嘗試了一個這樣的實驗，不過情境有些不同。專家所選的對象是學生，這位猶太人所選的對象是專業人士；專家限制談判雙方溝通，猶太人則讓對象直接接觸；專家提供期望值，讓談判雙方參考，猶太人則讓對象自行決定。結果，猶太人的實驗證實了，期望值高者能以較高價成交，期望值低者成交價自然較低。由人們在生活中設定目標、修正目標的舉動，可以看出一些他們在談判中可能出現的反應。人們常為自己修訂目標，卻渾然不知。

卡爾先生家的電冰箱最近出了問題，據說是很難修復了，於是他決定重新購買。他從存摺取出自己僅有的六百美元，換句話說，要買一台新的冰箱，他最多只能出到六百美元；此外，他的口袋裏只有一盒火柴、一枝筆和八分零錢。他左挑右選後，來到賽厄斯商店中看到一台標價為五八九點九六美元的冰箱，無論款式和顏色，他都非常喜歡這台冰箱。賽厄斯商店是不二價的商店，它們不討價還價。可是卡爾先生就是用他僅有的六百美元買到了這台心愛的冰箱。他達到了自己的目標，因為他在事先為自己設定了目標。

當一個猶太人選擇參加一個團體，或選擇去一個社區居住，或選擇上一個教堂時，猶太人便會針對現狀，制定目標。企業家也是這樣，他們會向朋友、秘書、助理人員描述他們的目標，依據不斷的因素，逐步向上或向下修正目標。猶太人認為，個人的期望值反映了他希望達到的目標，換句話說，那是他對自己的一種期望。期望不單是願望，而是一種包含了展現個人自我形象的肯定意圖。萬一表現不好，就會有損自己的形象。

在設定目標後，他就會像賭徒下注一般，盡可能在自己的所得、代價和成敗之間保持一定的平衡。

事實上，在成敗、代價、所得三者之間，要想找到常勝不敗的基礎，並不是一件容易的事。因此，人們只能在過去經驗的基礎上，以此作為自己的出發點。成敗會影響期望值，人們會根據自己的能力、表現，來決定期望值的高低，因為這場輪盤賭中，包含著個人最寶貴的資本—自尊。猶太人認為，談判就是一個不斷尋求結果的一來一往的過程。買方、賣方各有自己的目標，然後尋求結果，並對結果中的每項要求、讓步、威脅、拖延、最後期限、權限，甚至好人、壞人的評語，都會在一定的程度上對雙方的期望值造成影響，任何一句話、任何一點外在的因素，往往都會成為左右「價錢」起伏的決定因素。

所以，聰明的猶太人，在談判過程中會給自己設定一個高目標。不過，期望越高，失望的機會也就越多，這當中承擔風險在所難免。所謂「買賣交易」，當然要靠良好的判斷力，做一個周密的評估。評估時應該將目標訂得高一點，雖然這會給你帶來一定的風險。

## 對談判全局要胸有成竹

在商業談判中，猶太人善於從全局來統籌，這裡我們就以猶太人喬菲爾的談判個案，來探討一下猶太人對談判全盤的掌握。

**首先，盡可能多的蒐集對手的各種資料。**

喬菲爾在荷蘭經銷家電用品，他打算從日本的一家鐘錶批發商，三洋公司進口一批鐘錶。在談判的前兩週，喬菲爾邀請了一位精通日本法律的日本律師做自己的談判顧問，並委託該律師提前收集有關三洋公司的情報。

透過調查，律師發現了許多耐人尋味的情況，比如，三洋鐘錶公司近年來的財務狀況不佳；這次交易的旅行用的時鐘和床頭用的時鐘是承包給臺灣、香港和另外一個日本廠家生產製造的；三洋屬家族型企業，目前由其第二代掌管，總經理的作風穩重踏實，信譽不錯；價格方面也許波動較大……

資料雖然不多，但很重要。其中，關於該商品是由臺灣、香港生產這一條資料非常重要，這無異於在談判中扣了一張王牌。

到達日本後，喬菲爾和日本律師商定，對於商品的單價、付款條件，以及其他細節都以喬菲爾的臨場酌情判斷。接著，日本律師又和喬菲爾從荷蘭帶來的律師研究兩國的法律差異。

**其次，有針對性的設定談判陷阱。**

談判即將開始，三洋公司草擬了一份合約，喬菲爾和兩位律師經過商談後，決定圍繞這份合約展開談判策略。

在三洋公司提出的合約草案中，有一條是關於將來雙方發生糾紛時的仲裁問題，三洋公司提議在大阪進行仲裁，解決糾紛。這裡需要提醒一下，在當時的法律環境下，仲裁無論在哪個國家進行，其結果在任何一個國家也有效。而判決就不同了，因為各國的法律不同，其判決結果也只適用該判決國。也就是說，日本法院的判決在荷蘭形同廢紙，荷蘭法院的判決在日本也形同廢紙。

針對品質問題，喬菲爾提出如下主張：「我們都知道仲裁的麻煩，都不願意涉及仲裁，但為了以防萬一，不妨就請日本法院來判決。」想必各位也看出了喬菲爾的圈套和原則，假如雙方一旦出現糾紛，日本法院的判決在荷蘭形同廢紙，即使是打贏了官司，也根本執行不了。

這樣，將來真的出現糾紛，喬菲爾乾脆不出庭都可以，連訴訟費都省下了。若這一提議能通過，喬菲爾自然佔了上風。

**再次，控制好談判的行程。**

談判開始了，喬菲爾首先發言：「雖然我曾去過許多國家，但來到美麗的日本更使我高興。貴公司的產品品質可靠，很有發展潛力，若能開啟歐洲市場，對我們雙方都很有利。所以我很希望能夠與貴公司合作。」

日本人聽了非常高興。其實，這正是喬菲爾巧妙控制談判程序的一個必不可少的一招。

接下來的談判自然也很順利，諸如鐘錶的種類、代理地區、合約期限等事項，幾乎沒有多大分歧。這正是喬菲爾所希望的，並且也是他刻意先挑出這些小問題來討論的。先從容易解決的問題入手，這正是談判的基本技巧之一。

## 第四，捨芝麻，留西瓜。

隨後談判在一些細枝末節上遇到了波折，三洋公司寸步不讓，而喬菲爾之所以如此，實際上是為了後面的價格戰埋下伏筆。因為對方在這一點上不讓步，其他地方上總不能老不讓步。

這次談判中，倘若一開始便討論價格問題並定了下來，那麼喬菲爾就會少掉一個牽制對方的籌碼。

果然不出所料，三洋公司態度強硬，根本沒有讓步的意思，於是雙方僵持了很久。三洋公司的做法是典型的日本作風，即只是一味的不讓步，永遠不提解決的辦法，而對方一旦提出新方案，卻又搖頭拒絕。

喬菲爾毫無辦法的勉強聳肩，說這回遇上了強勁對手，語句中大有奉承之意。然後，突然話鋒一轉：「本人對耗費大量精力的仲裁方式從來就沒有好感，據我所知，日本的法院非常公正，因此我提議今後若有糾紛，就由日本法院來判決。」

這下，日方公司非常爽快的答應了。這正是喬菲爾的陷阱，而日方之所以如此爽快，一是因日方不清楚有關法律，誤以為在本國打官司對己有利；二也可能是出於對自己老是搖頭的態度而不好意思。

既然對方已中計，喬菲爾大功基本告成，於是對前面的芝麻粒大的小事提出了折衷的辦法，三洋公司當然欣然同意。

在這場談判中，表面上喬菲爾一再讓步，顯得被動，也顯示了自己對談判的誠意，實質上是一串虛招裏藏著的一把利劍，最後對方終於中計。

**第五，握準對方的命脈，曉之以情，動之以理。**

最後一個問題就是價格問題。起初，日方的要價是單價為二千日元，喬菲爾的還價是一千六百日元，後日方降為一千九百日元，喬菲爾增至一千六百五十日元，談判再一次陷入僵局。

為此，喬菲爾又提出種種方案，諸如，原訂貨到四個月付款可改為預付一部分訂金，或將每年的最低購買量增至一．五億日元，或拿出總銷售額的二％作為廣告費等。但三洋公司的態度仍舊很強硬，表示絕不考慮一千九百日元以下的價格，談判只好暫停。

下一輪談判一開始，喬菲爾首先發言：「這份包括二十四項條款的合約書，是我們雙方用半年多的時間草擬的，又經過諸位幾天的討價還價，才達到了雙方幾乎全部同意的結果，現在僅僅為了最後的單價的幾百元的差距，而將前功盡棄，實在是太可惜了。大家都明白，價格高銷售量就會減少；價格低銷售量自然會增加，而我們的利益又是一致的，為什麼不能找出一個雙方都能接受的適當價格呢？」

接著他以非常溫和的方式打出了早已準備好的王牌：「對於我方來說，涉足新市場的風險很大，貴方的產品，對於歐洲人來說又是很陌生的，我方很難有擊敗競爭對手的把握。經過幾次的談判，諸位可以看出我方的合作誠意，然而貴方開出的單價，實在是太高了。我相信，按照我為對方開的價，一定能從臺灣或香港買到同樣品質的產品。當然，我並未想去別的地方採購，但最起碼的，我們從貴方的進貨價不能比別的地方高得太多。」

這番婉轉的以「感情」和「利害關係」為手段的話，很具有說服力，並暗含著若對方再不答應，他便和其他廠商合作的威脅之意，日方不得不慎重考慮。

## 第六，假意破裂，實施最後通牒。

「現在，我方再做一次重大讓步，那就是一千七百二十日元這個數字。在價格上我方已完成了這份合約，以後就看貴公司的態度了。現在我們先回飯店準備回國事宜，請貴方認真考慮，兩小時後我們靜候佳音。」

說完，喬菲爾和兩位律師站了起來。日方公司的總經理趕忙打圓場，表示何必那麼著急，但卻被喬菲爾以微笑而堅決的態度婉言拒絕了。

顯然，他下了不惜前功盡棄的賭注。其實這又是一個基本談判技巧，喬菲爾正是以藉由回國名義發出「最後通牒」，以圖開啟僵局。當然，三洋公司是否同意，完全取決於自己，並無什麼真正的威脅。但喬菲爾的話表明了他絕不讓步的態度，因此給對方造成壓力，若再不答應，談判就可能破裂。

結果，日方果然又中了計。兩小時後，三洋公司的常務董事說：「先生的價格我方基本接受了，但能不能再增加一點兒？」

喬菲爾沉默許久，拿出小計算機按了一會兒，終於又拿起了合約，將先前的數字改為一千七百四十日元，然後微笑的說：「這二十日元算是我個人送給貴公司的優惠吧。」

在合約簽訂後的三年中，雙方的交易似乎很順利，但突然卻出現了一個意想不到的糾紛：美國的S公司聲稱三洋公司的產品與該公司的產品頗為相似，於是喬菲爾迅速派律師做了調查。

原來，三洋公司曾為S公司製作過一批鐘錶，喬菲爾的產品正是以那批產品為藍本略作修改製造的，自然十分酷似。因此，S公司一方面要求喬菲爾立即停止鐘錶銷售，另一方面又要求十萬美元的賠償。

但三洋公司對此事件的態度卻十分消極，一直拖了四個月還未做出明確答覆。於是，喬菲爾只好停止了鐘錶銷售，並答覆S公司，請他們直接與三洋公司協商處理此事。

這件事的麻煩自然在三洋公司，但由於三洋公司的態度，引發了喬菲爾拒付拖欠三洋公司的二億日元的貨款。於是，三洋公司氣勢洶洶的來找喬菲爾，認為盜用鐘錶款式與欠款是兩碼事。雙方扯皮了一段時間，並沒有實質性的進展，直到有一天，三洋公司給喬菲爾打去電話，聲稱他們決定向大阪法院提出訴訟。喬菲爾的律師付之一笑。

此時，三洋公司還不明白其中的道理，不久帶了一位律師去了喬菲爾的日本律師處，揚言要去荷蘭打官司。喬菲爾的律師不慌不忙的說：「合約書上規定了以大阪法院為唯一裁決所，所以即使您到了荷蘭，恐怕荷蘭的法院也不會受理。」

三洋公司的總經理氣急敗壞的看著自己的律師，他的律師坦承的確如此。時間又過了三個月，法院沒有絲毫動靜，三洋公司的總經理這才明白中了喬菲爾的圈套。但他仍不灰心，考慮只要能夠訴諸法律，一定會對自己有利，於是喬菲爾的律師打出了最後一張王牌─「總經理先生，也許您應該知道，荷蘭有很多『皮包公司』。這些公司的一切都裝在老闆的皮包裏，沒有任何實際資產。喬菲爾的公司就是如此，公司的錢放在哪裡只有喬菲爾知道。或許放在瑞士銀行⋯⋯」

這下可擊敗了三洋公司的總經理，沒辦法，只能聽憑喬菲爾的擺布。最後，雙方商定由喬菲爾付三洋公司四千萬日元的欠款，其餘一．六億日元的欠款抵做賠償金。喬菲爾取得了絕對勝利，三年前的圈套終於得以實現。

在這個談判個案中，猶太人喬菲爾對談判全盤的掌握堪稱天衣無縫。成功的商業談判對談判者要求很高，所涉及到的談判技巧也很多。總的說來，睿智的談判者都會從大處著眼，小處著手，為抓「西瓜」，不惜丟掉很多「芝麻」，從而掌握全局。

# 第六章

## 任何東西都是商品

任何東西到了商人手裏，都要變成商品。

在猶太人的眼中，只要有錢賺，世界上的萬物都是商品，甚至就連他們的上帝都不例外。猶太人憑藉自己銳利的眼光，在商海中自由翱翔，並爭先領航。現代世界的許多原本非商業領域的行業，大多是在將興未興之時，就被猶太人率先打破封閉而納入商業範疇的。一九八四年，尤伯羅斯成了第一個私人承辦奧運會的人，並把一向虧損巨大的奧運會賣出了天價，使奧運會從此身價百倍。

## 總是撞上好運氣

縱觀猶太民族的發展史可知，猶太人善於根據自己所處的環境、所具備的條件和優勢，對自己人生進行理智的設計和運作。在商場上他們也是如此，他們根據時代的潮流選擇、設計和把握生意，屢屢引領時代潮流，獲得巨大成功。有許多人只看到他們成功的表面現象，不無嫉妒的說：「他們總是撞上好運氣。」言外之意，好像猶太人的成功主要是因為好運氣屢屢光顧他們。這當然是帶有酸葡萄心理的片面之言，在運氣面前，其實也是人人平等的。猶太人訓練有素的商業頭腦和敏銳的商業嗅覺，是他們總能「撞上好運氣」的關鍵因素。

在十九世紀五〇年代，美國的加利福尼亞州一帶曾出現過一次淘金熱。年輕的猶太人列瓦伊·施特勞斯聽到訊息後也趕了過去，但為時已晚，淘金已到了尾聲。他隨身帶了一大卷斜紋布，本想賣給製作帳篷的商人，賺點錢作為回家的路費，誰知到了那裡才發現，人們根本不需要帳篷，只需要結實耐穿的褲子—由於淘金者整日與泥沙和水打交道，褲子壞得特別快。

列瓦伊．施特勞斯靈機一動，用那卷斜紋布設計了世界上第一條牛仔褲。後來，列瓦伊．施特勞斯又在褲子的口袋旁裝上銀鈕釦，以增強褲子口袋的強度。此後不久，列瓦伊．施特勞斯就開始大批生產這種新穎的褲子，而且銷路非常好。儘管大量服裝商競相模仿，但是列瓦伊．施特勞斯的企業一直獨占鼇頭，每年大約能售出十萬條這樣的褲子，營業額達五千萬美元。

列瓦伊．施特勞斯就是被運氣撞上的人，但運氣只撞那些有準備的人。或是說有準備的人才能抓住偶然撞上門的「運氣」。

金融巨頭安德烈．麥耶也是一個有準備的人。

麥耶出生於巴黎一個生活艱辛的家庭。一九一四年，十六歲的麥耶為了生計而輟學，成為巴黎證券交易所的一名送信員。這年夏天，他受雇於巴黎的鮑爾父子銀行。這不僅使他從此進入了銀行界，而且由於戰爭造成金融人員大量流失，使他在十六歲時就能夠自由的學習這個行業的所有的東西。不久，麥耶的精明能幹就得到金融界的一致認可。

拉札爾兄弟銀行在法國金融界享有盛譽，一九二五年，拉札爾兄弟銀行的老闆韋爾看上了安德烈．麥耶，他認為麥耶是個可造之材。這年麥耶二十七歲，韋爾問他是否願意加入拉札爾。麥耶很感興趣，但他有一個問題：我何時才能成為合夥人？韋爾未置可否，麥耶就婉拒了這個邀請。

一九二六年，韋爾重提此事，並提出一個建議：麥耶可以有一年的試用期，如果表現出色的話，那麼一年後麥耶就可以成為合夥人，否則，麥耶就必須離開拉札爾。麥耶毫不猶豫的跳槽了。

一九二七年，韋爾終於下決心接受了麥耶的條件，他不能再容忍這樣優秀的人才在自己的隊伍之外，說不定哪一天他就會被競爭的對手網羅。這樣，麥耶如願以償的成為了拉札爾的合夥人。

在許多人眼中，麥耶的運氣太好了，不到三十歲就成為大銀行的合夥人，但他的好運氣彷彿才剛開始。麥耶並不滿足這個成就，他的追求是想成為一名真正實質上的銀行家：為公司出謀劃策，安排交易，籌措款項，同時為銀行尋找有利可圖的投資機會。麥耶認為這種實質上的銀行業務，才是拉札爾的主要活動所在。

一九二八年，拉札爾正式成為雪鐵龍汽車公司的主要股份持有者。當時，雪鐵龍公司首次向法國汽車工業引進了賒銷汽車的辦法，這種辦法是透過雪鐵龍的一家子公司──「賒銷汽車公司」，法文簡稱為「索瓦克」來實施的。但是，雪鐵龍的老闆只把「索瓦克」當做他的汽車促銷工具。而麥耶馬上想到了「索瓦克」更多的用途，比如賒銷家用器具，甚至房地產等等，他建議由拉札爾聯合另外兩家銀行買下「索瓦克」，把它變成一個基礎寬廣的消費品賒銷公司。

雪鐵龍的老闆對麥耶的建議大為讚賞：索瓦克將繼續銷售雪鐵龍汽車，不銷售其他汽車，只是也將從事其他領域的業務。此外，「索瓦克」的轉手，使雪鐵龍不必再為開辦這家相當於銀行的公司提供資金，這對於資金來源相當吃緊的雪鐵龍來說，是備受歡迎之舉。

為了這筆大買賣，麥耶四處活動，決心成功。在他的努力下，最後找到了兩家最強而有力的合夥者，一家是「商業投資托拉斯」，當時美國最大的消費品賒銷公司之一；

另一家就是摩根公司—世界上最負盛名的私人銀行。

找到合作夥伴後，麥耶接下來開始尋求使用「索瓦克」作為其銷售機構的商業用戶，他毫不費力就與著名的美國電器製造公司凱爾文·耐特簽訂了合約。這樣「索瓦克」開始運轉，它給投資者帶來了持續不斷的利潤，即使在經濟大蕭條時期依然如此。

「索瓦克」的成功讓金融界知道，麥耶是一個成熟的銀行家。他不僅能想出一個宏大的構想，而且還表現出了使這個構想得以實現的決心和能力。

# 任何東西都可變為商品

猶太人有這樣一句俗語：「除了老婆孩子不能賣，任何東西都可以當做商品一樣出售。」

在這種觀念指導下，猶太人尤伯羅斯把奧運會給賣了，而且賣的很漂亮。以前從來都是虧本生意的奧運會，到了尤伯羅斯手中則變成了搖錢樹。在尤伯羅斯的苦心營運下，洛杉磯奧運會開闢了一條透過商業運作，走上市場化的成功之路，這也是尤伯羅斯帶給世界經濟和世界體育的最大啟示。今天，對於任何一個主辦者來說，奧運會已不再是一件精神重於金錢的事情了，經濟利益也成為眾多城市爭辦奧運會的動力之一。

縱觀洛杉磯奧運會以前的歷屆奧運會，舉辦奧運會對於所在國家和城市都意味著，巨大的財政投入和巨額虧損，更何況這一次尤伯羅斯是以個人來主辦奧運會的。在當時的背景和態勢下，人們對這屆奧運會能否順利舉行充滿了疑慮。

而尤伯羅斯之所以敢承辦奧運會，是基於他自己的分析判斷：以往人們只注重奧運會的體育和政治功能，卻忽視了它的經濟功能。如果轉載入商業經營的理念，奧運會應該是個能賺大錢的機會。

《塔木德》裏說：「任何東西到了商人手裏，都要變成商品。」這句話對尤伯羅斯來說恰如其分，毫不誇張。

尤伯羅斯賣掉他的產業也只有一千多萬美元，這點錢對奧運會而言，無疑是杯水車薪。從哪裡籌集資金呢？也就是說，奧運會到底有哪些部分可以轉化為市場需要的商品呢？

把企業贊助當做奧運會的資金來源，是人們的當然之想。按照慣常思維，對於贊助企業的數目，當然是多多益善。但尤伯羅斯並不這麼看，他認為必須在成為奧運會贊助人的企業之間製造出激烈的競爭，企業之間有了競爭才肯出巨額資金贊助奧運會。因此，他另闢蹊徑，沒有採取對贊助企業敞開大門的方式，而是在經過仔細籌劃後，規定了本屆奧運會可以吸收的贊助企業的數目，並規定了贊助的最低金額限制。他認為只有這樣才能造成企圖進入贊助企業行列的企業之間的競爭，並給奧運會組委會帶來更多的贊助。

經由市場調查和科學的分析，尤伯羅斯最後規定，本屆奧運會正式贊助單位只接受三十家，每一個行業選擇一家，每家至少贊助四百萬美元，贊助者可以取得本屆奧運會某項商品的專賣權。

這樣一來，主動權牢牢的掌握在尤伯羅斯自己的手中。尤伯羅斯的這種做法果然收到了預期的效果，各大公司拚命抬高贊助金額的報價，形成了一種為尤伯羅斯渴望出現的激烈競爭的局面。

大家都知道，可口可樂和百事可樂歷來是死對頭，每一屆奧運會都是兩家交手的戰場。一九八〇年莫斯科奧運會上，百事可樂佔了上風，雖然賭注大了點，但畢竟打響了品牌，提高了銷售量。可口可樂儘管自恃老大，也仍然顯得相形見絀。這次洛杉磯奧運會上，可口可樂決心一定要挽回自己的面子。

尤伯羅斯向兩家大公司拋出了四百萬美元的底價。百事可樂所有的構思準備不足，還在猶豫之際，可口可樂已經成竹在胸，一下子把贊助費提高到一千三百萬美元，高出尤伯羅斯所提出的底價三倍之多。

可口可樂的一位董事說：「我們一下子多出九百萬美元，就是不給百事可樂還手的餘地，一舉將它擊退。」果然，百事可樂沒有還手，可口可樂成了飲料行業的獨家贊助商。

尤伯羅斯在笑納了可口可樂公司的一千三百萬美元後，又把目光對準了感光膠卷的兩位大亨：柯達公司和富士公司，底價同樣是四百萬美元。然而這次可不那麼順利。

柯達公司開始也想加入贊助者的隊伍，但他們不肯接受組委會的不得低於四百萬美元的條件，他們只同意贊助十萬美元和一大批膠卷。尤伯羅斯沒有答應，他還親自飛到柯達公司總部勸說他們接受組委會的條件，但「心胸狹窄和傲慢」的柯達公司沒有同意。他們認為有把握不改變自己的條件便可獲得贊助權，因此等待著尤伯羅斯的讓步。

此時一向嗅覺靈敏的日本人似乎感覺到了什麼，決心以此打進美國市場。富士公司和尤伯羅斯討價還價，最後以七百萬美元的價格，買下了洛杉磯奧運會膠卷獨家贊助權。

等到柯達公司醒悟時，富士膠卷已經充斥了美國市場，為此柯達公司廣告部的經理被撤了職。

美國一般的汽車公司與日本豐田等幾家汽車公司的競爭，更是熱火朝天，彼此都竭盡全力以拚搶這「唯一」的贊助權。

尤伯羅斯作為洛杉磯奧運會組委會主席，最大的成功之處，莫過於對運動會實況電視轉播權的拍賣。僅電視轉播權一項，尤伯羅斯就為組委會多創造了一億多美元的收入，相當於本次奧運會淨利總額的一半左右。尤伯羅斯所創造的另一個奇蹟是以七千萬美元的價格把奧運會的廣播、轉播權分別賣給了美國、歐洲、澳大利亞等國家和地區，從此結束了廣播電台免費轉播體育比賽的慣例。

尤伯羅斯充分體現了猶太人的精明，他甚至用在許多人看來異想天開的想法籌集資金。許多人做夢也不會想到，可以靠傳遞奧運聖火來賺錢，但是尤伯羅斯卻能夠想到。

奧運會開幕前，要從希臘的奧林匹克村把火炬點燃空運到紐約，再蜿蜒繞行美國的三十二個州和哥倫比亞特別行政區，途經四十一個城市和近一千個鎮，全程一．五萬公里，透過接力最後傳到洛杉磯，在開幕式上點燃火炬。

尤伯羅斯發現參加奧運火炬接力跑是很多人夢寐以求、引以為榮的事情，於是他提出了一個公平出賣參加火炬接力跑權利的辦法，即凡是參加美國境內奧運火炬接力跑的人，每跑一英里，就要交納三千美元。

此話一出，世界輿論嘩然。儘管尤伯羅斯的這個做法引起了非議，他卻仍然我行我素。最後大筆的款項還是收上來了，這一活動又籌集到了三千萬美元。

經過長達五年的準備，尤伯羅斯迎來了令他激動不已的一九八四年。伴隨著洛杉磯奧運會日期的臨近，整個洛杉磯市已呈現出熱烈濃郁的奧運氣氛。由各公司贊助整修和重建的各種設施已煥然一新，國際奧委會主席薩馬蘭奇在視察洛杉磯後滿意的說：「洛杉磯奧運會的組織工作是有史以來最好的，無懈可擊。」

終於，第二十三屆奧運會如期在洛杉磯舉行，並取得了空前的成功。一個月後的詳細數字表明，本屆奧運會淨利二．五億美元。無疑，尤伯羅斯創造了現代奧運會歷史的一個神話，也創造了世界經濟史的一個奇蹟。他是在世界歷史上唯一一個私人承辦奧運會的人，一個成功的猶太人。尤伯羅斯透過成功經營奧運會所表現出來的無人可比的商業運作能力，再次印證了猶太人是當之無愧的「世界第一商人」。

## 特立獨行的「花花公子」

美國《花花公子》是一本風靡全球的著名雜誌，而「花花公子」這個品牌更是世界著名的品牌之一。

《花花公子》的創始人是赫夫納，他生於美國芝加哥的一個猶太小康之家。赫夫納從小聰明頑皮，不喜歡學習，是一個功課較差的學生。

赫夫納中學畢業後，正值二次大戰，他回應政府號召欣然應徵入伍。一九四五年，二戰結束後，赫夫納凱旋回家。由於他持有軍方的推荐信，按照政府的規定他有權優先進入大學。大學期間，他讀到了一篇當時轟動美國的有關於女性性行為的文章，使他對該領域發生了濃厚的研究興趣，這成為他日後創辦《花花公子》雜誌的推動力之一。

大學畢業後的赫夫納，先後在芝加哥的一家漫畫雜誌和暢銷雜誌社工作過。赫夫納覺得自己做一名小小的記者未免有點大材小用，而且薪水也低，因此心裏很不平衡。

有一天，他終於下定決心來到總編輯的辦公室，提出了自己的要求：「請總編輯每個月給我增加四十美元的薪水。」但沒想到總編輯卻回答：「哼！像你這樣的水準，值那麼多錢嗎？」

受辱後的赫夫納大為惱火，毅然辭職。正是這一次的賭氣使赫夫納大展其才，開闢出一片新的天地。他費盡九牛二虎之力向父親和弟弟及銀行貸款湊足一萬美元，創辦了《花花公子》雜誌。赫夫納深知，第一期雜誌的成敗與否是關鍵的一環，頭砲打響，他可以一鳴驚人；頭砲打啞，雜誌無人問津，他就很難再有資金去出版第二期。他精心策劃第一期的內容，又以好萊塢性感明星瑪麗蓮．夢露的寫真照片作為封面，同時在正文還插入了夢露的數頁半裸照片。

一九五三年十一月，第一期《花花公子》上市了。赫夫納忐忑不安的等待著市場的反應，但很快赫夫納一直懸著的心便落到了實地：銷售情況出乎意料的好！一個月後，赫夫納就銷售了五萬多本雜誌，並在第一次的印量上增加了近一倍的印量，這不僅使赫夫納收回了全部的投資，而且也使他一夜成名，一下子成了聞名遐邇的老闆。到了一九五四年，雜誌的銷售量竟然達到了十七．五萬份！

最初幾期的《花花公子》，主要採用夢露及一些其他性感明星的寫真照片做封面和插頁，隨著銷售量的急劇增大，雜誌社已經有了一定的資金累積。於是，赫夫納開始聘請模特兒拍照片，拿這些活生生的形象作為雜誌新欄目的內容，彩色精印，令讀者耳目一新。除此之外，赫夫納為了擴大廣告宣傳，還在芝加哥及全國各地開設《花花公子》俱樂部，甄選性感美貌的女郎化妝成「兔寶寶」，招搖過市，雜誌銷量再一次大增。之後，《花花公子》還開設了一個叫「小家碧玉」的新欄目。這個欄目玉照上的女孩一律是純情少女，雜誌的銷量再一次增加。

《花花公子》大膽登出許多性感明星的暴露照片，並同時為「性愛非罪惡」而疾呼後，引起社會各界巨大的反應，人們褒貶不一。但當《花花公子》在雜誌上提出反對保守、支持墮胎合法化等許多新觀點後，卻獲得社會一致的稱讚，被譽為「開放」的象徵。

風風雨雨數十年後，「花花公子」已經成為一個世界著名的品牌，赫夫納贏得了巨大的商業利益。不論人們喜歡與否，它儼然就是美國人生活的一部分內容。

# 生意場上的最穩定財源

今日社會，任何一種東西都可以成為商品，真可謂是商機無限。但做生意總有個利潤厚薄之分，也有個「長短線」的問題，有的商品可能很好賣，但利潤卻不高；有的商品可能不是很暢銷，但其利潤卻很高。同樣，有的東西只在特定的環境和時間才有的賺，而有的東西無論什麼時候都能賺。

所有的商人都想知道究竟什麼東西最能賺到錢。當大多數商人還在摸索總結的時候，猶太人卻早就給商品歸了類，旗幟鮮明的提出：不管是過去，還是現在，或是將來，「女人」和「嘴巴」是最能賺錢的商品，在這種觀念的指導下，「女人」生意和「嘴巴」生意成為猶太經商者最青睞的部分。

猶太人是這樣分析這兩種生意的：男人賣命工作是為了賺錢，女人則消費使用男人所賺的錢。如果想賺錢，就必須先盯著女人，賺取女人所持有的錢，那就等於男人工作所賺的錢都流入了商人的口袋。因此，女人是賺錢生意的第一對象。

關於「嘴巴」生意，猶太人則是這樣分析的：在人類的生活中，最重要的莫過於吃，只有吃進去，人體吸收營養，才能得以生存，從而社會得到繁榮，這是很簡單的道理，猶太人就是抓住了這個人人都懂、十分簡單的道理來尋找賺錢的機會。

他們認為，「嘴巴」生意是第二商品，並將其作為自己的一大財源。可以說，嘴巴是消耗的無底洞，地球上當今有六十多億個「無底洞」，其市場潛力非常的大。為此，猶太人設法經營凡是能夠經過嘴巴的商品，如食品店、魚店、肉店、水果店、蔬菜店、餐廳、咖啡館、酒吧、俱樂部等等，舉不勝舉。猶太人認為，吃完的東西要消化和排泄，一美元一支冰淇淋，十美元一份牛排，進入人的口中幾小時後，都會化為廢物排泄掉。如此不斷的循環消耗，新的需求不斷產生，商人就可以從經營中不斷的賺到錢。

很顯然，經營「嘴巴」生意不如經營「女人」生意見利快，所以，猶太人將女性商品列為「第一商品」，而把食品列為「第二商品」。而從事「第一商品」經營的猶太人比經營「第二商品」的多。猶太人自詡比華人更具有經商的才華，依據的就是華人經營

「第二商品」者居多。

聰明的猶太人認為，只要瞄準「女人」這個第一商品，財源必定會滾滾而來，反之，如果經商者想席捲男人的錢，拚命「瞄準男人」，這筆生意則註定會失敗。因為男人的任務是賺錢，能賺錢並不意味持有錢，擁有錢，消費金錢的權限還是在於「女人」。

所以，猶太人認為做「女人」的生意是絕對沒錯的。不管是閃亮奪目的鑽石，豪華的女用禮服、戒指、別針及項鍊、耳環等服飾用品，還是女式高級日用皮包等商品，都附有相當的利潤，等待著商人去親近它。你只要稍稍運用聰明的頭腦，抓住時機，以「女人」為對象來賺錢，大把大把的鈔票就會自動流入自己的口袋。

全球最著名的高級百貨公司「梅西」公司，是猶太人施特勞斯一手創辦起來的。從童工開始，到小商店的店員，施特勞斯在他的打工生涯中注意到，顧客多為女性，即使有男士陪著女性來購物，最後決定購買權的也大都是女性。

根據自己的觀察和分析，施特勞斯認為做女人生意一定前景光明。當他累積了一點資本而自己經營小店舖「梅西」時，就是以經營女性時裝、手提袋、化妝品開始的。經過幾年經營後，果然生意興旺，利潤甚豐。他繼續沿著這個方向，加大力度，擴大規模，使公司的營業額迅速增長。施特勞斯總結了自己的經營經驗，接著開發鑽石、金銀首飾等名貴產品的經營。他在紐約的「梅西」百貨公司，總共有六層銷售店面，銷售時裝的佔兩層，銷售鑽石、金銀首飾的佔一層，銷售化妝品的佔一層，其他兩層是銷售綜合的各類商品。可見，女性商品在「梅西」公司佔了絕對多數。施特勞斯經過三十多年的經營，把一間小店舖做成全球一流的大企業，這與他所選擇的以女性為目標的原則有極大關係。

在鑽石經營方面，猶太人慧眼獨到，他們深知鑽石在經過加工後會顯得華麗名貴，能博取眾多女性的歡心和仰慕。而當今世界大多數國家和地區的民族，雖然是男性掌權掌家，但他們有的把自己賺來的錢交由妻子管理，有的男士雖然自己掌握財產權，但為了顯示自己對她們的愛，就會不惜一切代價的讓她們隨意花錢，以討歡心。於是，猶太人據此不惜投資鑽石加工工業，獲利豐厚。

以色列鑽石交易有限公司的發達，無疑印證了猶太人的這一觀點。經過四十多年的經營，以色列鑽石交易有限公司從無到有，從小到大，從國內經營到跨國經營，直到成為當今世界最大最著名的鑽石加工企業，年營業額高達四十多億美元。

當然了，任何一種生意，要想做好它，光靠生搬硬套做生意是遠遠不夠的，它還需要具有聰明的頭腦和深邃的洞察力。無論是「女人」生意，還是「嘴巴」生意，都不例外。

# MBA課堂的經典案例

十九世紀中葉，美國加州傳來發現金礦的消息。許多人認為這是一個千載難逢的發財機會，紛紛奔赴加州。十七歲的小農夫亞默爾也加入了這支龐大的淘金隊伍，他和大家一樣，歷盡千辛萬苦，趕到加州。

淘金夢是美麗的，做這種夢的人很多，而且還有越來越多的人蜂擁而至，一時間加州遍地都是淘金者，金子自然越來越難淘。

不但金子難淘，而且生活也越來越艱苦。當地氣候乾燥，水源奇缺，許多不幸的淘金者不但沒有圓了致富夢，反而喪身此處。

小亞默爾經過一段時間的努力，和大多數人一樣，沒有發現黃金，反而被飢渴折磨得半死。

有一天，望著水袋中一點點捨不得喝的水，聽著周圍人對缺水的抱怨，亞默爾忽發奇想：淘金的希望太渺茫了，還不如來賣水呢。

於是亞默爾毅然放棄挖金礦的努力，將手中挖金礦的工具變成挖水道的工具，從遠方將河水轉載入水池，用細沙過濾，成為清涼可口的飲用水。然後將水裝進桶裏，挑到山谷一壺一壺的賣給挖金礦的人。

當時有人嘲笑亞默爾，說他胸無大志：「千辛萬苦的趕到加州來，不挖金子發大財，卻做起這種蠅頭小利的小買賣，這種生意哪裡不能做，何必跑到這裡來？」

亞默爾毫不在意，不為所動，繼續賣他的水。哪裡有這樣的好買賣，把幾乎無成本的水賣出去，哪裡有這樣好的市場？

結果，大多淘金者都空手而歸，而亞默爾卻在很短的時間靠賣水賺到了六千美元，這在當時是一筆非常可觀的財富了。

然而，這個成為ＭＢＡ課堂經典案例的故事，只是亞默爾傳奇人生的開始。

亞默爾來到威斯康辛州的米爾瓦吉，瞭解到肥皂的銷量很大，但是競爭也很激烈。他認為肥皂的銷量大，說明這是個很大的需求市場。儘管當時已有不少生產肥皂的工廠正在激烈的競爭，亞默爾仍然決定生產肥皂。他首先去學習肥皂生產的技術，然後又把市場上的各種肥皂收集起來，認真仔細的研究分析其特點和缺陷。他在自己獨資建立的小肥皂廠裏，經過反覆試驗，研製出一種品質和外觀優於市場上各類的肥皂，同時又是帶有一種香味的肥皂。亞默爾的這種肥皂一進入市場，就以其獨特的風格贏得了以家庭主婦為主的顧客們的青睞，成為最搶手的暢銷貨。而亞默爾這個後起的「暴發戶」也成為當地肥皂商的眼中釘、肉中刺，都想除之而後快。

亞默爾成功了，但好景不長，不知是有人縱火還是其他原因，他的肥皂廠在一場大火中化為烏有。

亞默爾又到其他地方去做幾年皮貨生意後，還是決定回到米爾瓦吉去重振旗鼓，但這一次是改做肉品生意。

開業開始，亞默爾邀請過去經營肥皂的對手參加宴會，這些經營肥皂的客人一個個都準時赴宴了。亞默爾對這些老「敵人」幽默的說：「我們都是過去互相競爭的很熟悉的老朋友，現在我改行經營肉品生意了，請你們支持我。肉製品的器皿，只有用你們的肥皂才能洗乾淨。我的生意越好，你們的肥皂也就會賣得越多。我們之間有著共同一致的利益，請各位多多支持與幫助。」

亞默爾的這番話起到了一種化敵為友的作用，這些可能曾經用縱火來表示對亞默爾的嫉妒和仇恨的肥皂生產者，成為亞默爾肉品生意的支持者，使他立刻在肉品市場上站穩了腳步。

亞默爾首先買下一個糧食倉庫改建成為肉品加工廠，開始加工生產銷售肉食品。在肉類食品生產銷售的領域中，亞默爾在淘金時發現賣水更能賺錢的敏銳天賦幫了他的大忙。他總是能在別人都忽略的微小的訊息和動態中，準確判斷出市場的變化和行情的漲落，抓住機會，迅速果斷的採取全力以赴的行動，短期內就獲得平時無法想像的巨大利潤。

南北戰爭末期，由於戰爭引起的交通和其他方面的障礙，市面上肉類和肉食品的價格昂貴。但是任何一個經營肉類生意的商人都知道，這只是暫時的，因為南方軍隊的敗勢已定，戰爭很快就要結束了。只要戰爭一結束，肉類在市場上的價格很快就要跌下來。對於一個精明的生意人來說，這樣一次價格的大變動，顯然是個賺大錢的好機會。而困難在於，必須要相當準確的判斷戰爭結束的時間。

而亞默爾當然毫不例外的緊緊盯住了這稍縱即逝的時機，他每天都在仔細的閱讀報紙，不放過每一條細小的訊息，希望能夠準確的推測出敗局已定的南方軍隊還能堅持多久時間。

有一天，報紙上的一則不起眼的小訊息引起了他的注意。訊息說，南方軍隊首領李將軍的駐地碰到幾個手裏拿著很多錢的孩子，問他哪裡才能買到麵包和糖果。這些孩子的父親是李將軍部下的軍官，他們說父親和他們一樣，已經有好幾天沒有麵包吃了；而父親拿來的馬肉簡直難以下嚥。南方軍隊供給困難缺吃少穿是當時人所共知的情況，而現在事情已經發展到連李將軍的司令部都到了吃馬肉的地步，證明南軍已陷入絕境。亞默爾判斷南北戰爭結束的時間已指日可待，這正是採取行動的最佳時機，他迅速與東部市場簽定了一個銷售豬肉的合約。

合約規定，亞默爾應以低價賣給東部市場銷售商一大批豬肉，但交貨的日期略微延遲若干天。東部的肉品經銷商們當然認為，以這樣低的價格購進豬肉是有利可圖的好生意。但是幾天以後，南方軍隊向北方投降，南北戰爭結束了。市場馬上發生了巨大的變化，肉品的價格大幅度下降。

在這筆生意中，亞默爾淨賺一百萬美元。另一件充分表現出亞默爾在經營方面的膽量和謀略的典型例子，發生在一八七五年春。他在報紙的角落裏看到一則消息，說墨西哥一些牧場的牲畜中發現了一些病畜，當局和有關人士懷疑這是一種蔓延很快的傳染病。

亞默爾認為，如果消息屬實，這就是一個絕不可錯過的賺大錢的好機會。但是，當務之急就是核實墨西哥的畜群中，是否發生了這種流行很快的傳染病，亞默爾清楚的瞭解，如果墨西哥的牲畜中流行傳染病，那麼最先受到影響的就是與墨西哥最接近的加利福尼亞州和德克薩斯州，而全美國的肉類主要就是由這兩個州生產的。依據美國法律，如果加利福尼亞州和德克薩斯州的牲畜中發生傳染性疫情，美國政府必定會禁止這兩個州的牲畜和一切肉類離境，以免傳染病蔓延美國全境。這勢必造成全美國的肉類短缺，導致肉價暴漲。

他打電話給自己的家庭醫生，醫生莫名其妙的趕到亞默爾正在郊區野餐的現場。在亞默爾的全力勸說之下，醫生同意立即動身趕赴墨西哥，核實那裡的牲畜發生傳染性疫情的消息。

根據醫生現場驗證消息準確，亞默爾迅速果斷的開始全力以赴的行動，他把手中現有的能夠調集的資金，全部用來從加利福尼亞州和德克薩斯州購進肉豬和肉牛。調動和集中全部力量立即把這些豬和牛，都趕離加利福尼亞州和德克薩斯州的州境，進入東部各州，以免其受傳染病的影響。

果然不出亞默爾所料，牲畜的傳染性疾病進入了加利福尼亞和德克薩斯兩州境內時，美國政府立即下令嚴禁這兩州的一切肉類、肉製品和牲畜離境。美國市場上的肉類和肉製品的價格暴漲。

在加利福尼亞州和德克薩斯州的禁令解除前的幾個月的時間裏，他獲得了大約九百萬美元的巨額利潤。亞默爾的決策和計畫成功了。

這就是亞默爾的謀略，也是亞默爾成功的原因：仔細的注視著一切，及時發現和抓緊每一個稍縱即逝的機會，果斷決策，迅速的採取全力以赴的行動。

## 超級「智囊」

被稱為「世界第一商人」的猶太人之所以精明無比，無疑有諸多因素，但最重要而且最具猶太人特性的因素，是猶太人精明的心態。猶太人不但極為欣賞和器重推崇精明，而且是堂堂正正的欣賞、器重、推崇，就像他們對錢的心態一樣。

下面這則笑話就是用來說明猶太人的精明：

話說美、蘇兩國成功的進行了載人火箭飛行之後，德國、法國和以色列也聯合擬訂了月球旅行計畫。

火箭與太空艙都製造就緒，接下來就是挑選太空飛行員了。

工作人員問應徵的人：「在什麼待遇下，你們才肯參加太空飛行？」

「給我三千萬美元，我就做。」德國應徵者說，「一千萬美元留著自己用，一千萬美元給我妻子，還有一千萬美元用做購屋基金。」

接下來法國應徵者說：「給我四千萬美元。一千萬美元歸我自己，一千萬美元給我妻子，一千萬美元歸還購屋的貸款，還有一千萬美元給我的情人。」

最後以色列的應徵者則說：「五千萬美元我才做。一千萬美元給你，一千萬美元歸我，剩下的三千萬美元用來雇德國人來開太空船！」

客觀的說，這個故事有挖苦猶太人之嫌疑，但在一定程度上，也說明了猶太人的精明。猶太人不用從事實務（開太空船）而只需擺弄數字，就可以自己拿一千萬美元，還可以送工作人員一千萬美元的人情，這種精明的思維邏輯正是猶太人經商風格中最顯著的特色之一。

猶太人不但自己在金錢面前表現出超越常人的精明，而且，他們還非常懂得借助他人的聰明才智來為自己服務。

在猶太商界，組織智囊團是司空見慣的現象，不少公司和企業已把智囊團視為必不可少的組成部分，大力加以發展和建設。有「當代梅特涅」之稱的美國前國務卿季辛吉，曾是二十世紀七〇年代世界外交舞台上的超級明星。他從政壇隱退之後又創辦了一家名聲顯赫的公司，並自任董事長。季辛吉是個很有智慧的人，在從政治舞台退下來後，充分利用自己的特長、經驗與資源，為企業乃至政府提供各種參謀與決策。

季辛吉的這家公司非比尋常，是一家跨國性的公司，分別設在華盛頓和紐約兩地。它既沒有一間市面上的店面，也沒有經銷任何有形的商品，它經營的唯一專案是提供一種特殊的高級智力的服務，名叫「國際諮詢」。在這一公司裏，季辛吉充分發揮了自己的特長，用自己的特有經驗為不少企業提供了寶貴的建議。

季辛吉的這家國際諮詢公司，專門向包括美國在內的世界各國的大企業提供「國際性商務的決策性建議」。它比迄今所有那些為國際商界、實業界及金融界提供諮詢的所謂「風險評價公司」，更加有效的與客戶密切合作。目前，不少實力雄厚的客戶已和季辛吉公司簽定了要求服務的合約，這也體現了企業對「智囊」的重視，正因為如此，季辛吉公司才取得了成功。

不過，這種諮詢服務的代價是十分昂貴的，一次諮詢的費用即高達三十萬美元。

季辛吉國際諮詢公司的規模並不大，僅有八名董事，但都是知名度很高的「超級外交事務專家」，或經濟界權威人士。其中有英國前外交大臣卡林頓勳爵、前美國總統福特、前美國國家安全事務助理史考克羅夫特、前美國負責國家經濟事務的助理國務卿羅吉斯以及瑞典汽車大王、沃爾夫汽車公司總經理許倫哈馬爾等等。這的確是一個令人矚目的實力雄厚的「智囊」集團，每一個人都有他們自己的獨特經驗，這種寶貴的經驗也就成為他們智慧中最有價值的一部分。在當今的電子時代和資訊社會，無論哪家國際性的工商企業或銀行，要想在收購原料、傾銷商品、輸出資本、發放貸款等方面進行有效的競爭，都必須清晰、準確的瞭解世界經濟動向及各國政治態勢，盡可能及時掌握重要的政治訊息和有關經濟情報。但很多國際性的壟斷財團為了適應此種需要，本身就設有專門的研究機構，高薪聘用一批智囊人物來觀察國際動向，預測世界風雲，但這些智囊人物比起季辛吉等人，卻難免有小巫見大巫之感。

季辛吉雖然已下野多年，但他精通國際外交事務中的諸多謀略，又有豐富的閱歷和經驗；更難得的是，他仍與美國國內外的政界、商界、金融界有著廣泛的聯繫和密切的交往。這使他具有迅速掌握第一手情報，審時度勢，充當一流高級顧問的極有利條件。這些年來，季辛吉雖不在其位，但仍謀其政。他不僅依然活躍在紐約和華盛頓的最高層的圈子裏，而且在著書立說之暇，不避風塵，遠道出訪歐洲、中東、南美和日本，會見政治、經濟方面的各界要人，闡述政見，繼續發揮影響。他還不時應邀出席一些宴會和演講會，一席談話便能得到二、三萬美元的酬金，其社會影響之大，由此可見。現在，他網羅一批聲名顯赫的政治界、經濟界人士合開這樣一家諮詢公司，慕名前來者自然絡繹不絕。該公司憑藉著自己的優勢，為這些要求諮詢服務的大企業提供有關訊息，分析發展趨勢，制定可行性設想和政策，甚至為客戶拉關係，通關節，使客戶趨吉避凶、利市百倍、宏圖大展。而季辛吉本人的收入，比起他擔任國務卿時的年俸，更是天壤之別。

季辛吉早在一九七七年掛冠之後，就曾在美國著名的大通銀行和紐約的戈德曼薩克斯投資公司擔任過國際顧問諮詢之職。在美國，商而優則仕，仕而優則商，仕商之間本無鴻溝。開設這類「國際諮詢公司」，也並非季辛吉首創。在此之前，美國政府中的達官顯貴和參眾兩院議員，下台後去擔任有關國際諮詢業務的董事或顧問等，大有人在。不過，季辛吉卻是他們之中更具有影響力的佼佼者。

## 永遠是進攻的姿勢！

「創業維艱，守成不易。」守成歷來比創業更困難。許多顯赫一時的優秀企業，在當今強手如林的競爭中功虧一簣，好景不在；甚至面臨轉讓、拍賣、破產、倒閉的地步，究其原因，恐怕就是在於一個「守」字。

時勢、環境、對手都在不斷的變化，而功成名就後企業的守成思想、自高自傲的老大心態，則往往以不變應萬變，難免走上衰落之路。保持進攻的姿勢，就是要保持創業時的進取精神，才能使自己立於不敗之地

一九八五年五月，由國際希爾頓飯店集團負責管理的五星級飯店—靜安希爾頓飯店，在上海舉行奠基。遍布世界的希爾頓飯店集團，又增添了新的一員。

希爾頓飯店集團是世界著名的「飯店大王」，它的創始人就是鼎鼎大名的猶太人希

爾頓。在本書的前一部分中，我們已經講述過希爾頓在經營方面的天才，其實，仔細研究希爾頓的戰略思想，則能給我們更多的啟示。

希爾頓最初以五千美元購進一家飯店，然後又陸續的收購了幾家舊旅館，他的生意越來越大。但他沒有滿足於現狀，還是決心要不斷進取。

由於希爾頓購買的一般是舊旅館，房屋破舊，各種設施老化，是希爾頓面臨的一大考驗，和那些高樓大廈相比，希爾頓的旅館顯得那麼寒酸。雖然他的旅館已在小型旅館中領先一步，但他明白，他的理想並不在於此，他的目的是要領先於全世界的旅館業。

希爾頓看中了達拉斯商業區轉角處的一塊土地，最後以高價購得後，就下令開工建造一棟高級飯店；希爾頓開始向他事業的頂峰攀登。經過努力拚搏與奮鬥，一年之後，「達拉斯希爾頓飯店」落成了，這家新型的、一流的飯店，是希爾頓事業邁入現代化的一個起點。

母親和妻子都希望從此能安安靜靜的過日子，然而希爾頓仍然渴望著從事新的冒險。有一次，他一口氣讀出了一長串地名。「我發誓，要在這些地方都建上飯店，一年至少一間！」希爾頓激動的說。

事實上，他已經超過了一年一間的進度。一九三〇年十一月，「艾爾伯索希爾頓飯店」舉行盛大的揭幕儀式，希爾頓全家從各地趕來參加這一盛典，無不對這一豪華輝煌的建築衷心讚嘆。希爾頓更是得意非凡，家人再次勸告他收手，好好經營已有的飯店就可以了，但他卻依然認為：最好的進攻就是防守，只有不斷的擴張才是飯店業最好的經營。

二十世紀三〇年代的經濟危機給希爾頓很大的打擊，但他認為擺脫危機的辦法仍然是進攻。一九三七年，他跳出德克薩斯州，來到舊金山。「德克薩斯州夠大的了，何必還要到外地去做生意？」對這些勸告，希爾頓不予理會，他和一些老朋友組成投資集團。他的第一個目標就是買下舊金山豪華的「德瑞克爵士飯店」，然後，又買下了長堤的「勃利克斯飯店」。不久，又一座新飯店「亞爾布柯克希爾頓飯店」落成了。母親在摩天大樓的房間裏俯瞰城市，問道：「現在你在三個州都有飯店，該心滿意足了吧！」「沒有。」希爾頓斷然回答。他的事業正在起飛。

希爾頓隨後又買下了洛杉磯的「城區飯店」，不久，「帕拉西奧希爾頓」竣工，他又買下了紐約的「羅斯福飯店」和「帕萊沙飯店」，俄亥俄州的「台頓比爾莫飯店」和

「五月花飯店」，並取得了芝加哥「史蒂文森飯店」的所有權。

一九四六年，「希爾頓飯店公司」宣布成立，希爾頓的飯店事業已遙遙領先於同行業。母親在和希爾頓的最後一次談話時問他：「現在你的飯店已遍布全國，領先於同行業了，你該滿足了吧？」

「不！」希爾頓答道。他正鐘情於紐約的華爾道夫飯店這個「飯店業中的皇后」。一九四九年十月，他終於如願以償，買下了「華爾道夫」。他的事業走向巔峰，也是他步入國際化，領先於全世界的一個轉折點。

他的視野擴大到了海外。他提議在波多黎各興建「加勒比希爾頓飯店」，遭到董事會的反對。「美國夠大的了，還不夠我們做生意嗎？何必再到外國去！」希爾頓堅持己見，力排眾議，終於走向了世界，並領先於世界。

一九五四年，希爾頓注意到美國另一家飯店業集團——「斯塔特拉飯店」已經形成，決定把它買下來。然而，消息傳來，紐約一家地產公司已搶先買下了。希爾頓深悔之餘，發現還有一線生機——「斯塔特拉」的財產高達一億多美元，籌集這樣一筆巨款需要時間。何況，這家地產公司並不經營飯店，買的目的就是在為地產生意中做一次投機。

希爾頓找到這家飯店系列的所有人—斯塔特拉的遺孀，向她表明來意，並表示買下後一切都保持不變，包括飯店的名字在內。斯塔特拉太太坦率承認，她也希望將這家連鎖飯店交到真正做這一行的人手中。

希爾頓終於正式獲得「斯塔特拉飯店」的控制權，完成了飯店發展史上規模最大的一次合併，取得了首屈一指的地位，在波多黎各、墨西哥、西班牙、土耳其、巴拿馬、貝魯特、台灣、阿姆斯特丹、布魯塞爾、夏威夷、香港、曼谷……一個又一個「希爾頓飯店」相繼建立。如今，「希爾頓集團」的飯店已遍布全球，共有二百多家。

這一業績是希爾頓的進攻意識的成果。作為一個企業家來講，滿足於一個階段的成功，在頭腦中就產生了「守」的意識，而這種「守」的意識很容易從防守原則轉化為保守的行動。逆水行舟，不進則退。市場經濟中，競爭如此激烈，一旦退卻，則又會很快面臨被淘汰的命運。

# 世界上第一個電視新聞頻道

在世界傳媒業的發展史上，鐫刻著一個猶太人的名字：世界傳媒大亨特德．透納，他對新聞傳媒特別是電視的發展，起到了劃時代的作用。

透納初入商道時，只是一個小本廣告業務的經營者，辛苦經營七年後，透納成為了百萬富翁，然而，他並不滿足，開始了新的創業。

二十世紀六〇年代，美國電視事業蓬勃發展，投資人蜂擁而入，形成電視業發展的高潮。物極必反，不久，許多電視台面臨破產，投資人叫苦連天，有實力的商人望而卻步，然而，透納卻反其道而行之，決定在這個時候進軍電視業，開始了他一生的傳奇經歷。

一九七〇年十二月七日，透納以室外廣告公司的資產作抵押，舉債三百萬美元收購

WTCG—七頻道，一個總部設在亞特蘭大的獨立電視台，當時它每月虧損五萬美元，廣告發布多日都無人問津。透納收購後，將其重新命名為WTBS，W是美國東部電視台的規定字母，TBS是「透納廣播系統」的縮寫。

收購前，透納的舉動在公司內部受到強烈的反對，董事會上，公司元老、會計師毫不客氣的指出：「此事太魯莽，公司前景極其危險。」透納充耳不聞，會計師掛冠而去，他只好聳聳肩，無可奈何的表示惋惜。

不久，透納又買下每月虧損三萬美元的電視台—北卡羅來納州南部城市夏洛特的三十六頻道。反對聲有增無減，公司主管威爾·桑德斯在回憶中說：「這種電視企業可能使我們徹底完蛋，我們實際已經掉進陷阱。我們的收購契約包括全部債務，如果電視台賺不了錢，就沒有什麼辦法削減債務。破產在即，我們全都說他瘋了。」

一年之內，透納在電視業中損失二百萬美元，全靠廣告收入來維持生存。在競爭激烈的亞特蘭大，透納收購的電視台僅排名第五，而當地只能容納一家獨立電視台。透納不斷的虧損，但又不斷的將每一分錢都投進去，一直堅持到其他獨立電視台破產後，才鬆了一口氣。冬天過去就是春天，機會到來了。

一九七二年，美國收費電視業務正式獲得批准，透納成為第一批獲利豐厚的獨立電視人之一。

一九七五年，美國無線電公司發射了美國第一顆人造通訊衛星。

透納以獨特的眼光預見到：借助衛星，電視台就會成為衛星電視台，衛星電視跨越時空，跨越國界，會產生史無前例的商機，誰失去它，誰就不能在傳媒業中繼續生存。又是一番競爭後，政府才允許透納租用這顆衛星。一九七六年聖誕節前，透納開播衛星電視節目，覆蓋四十七個州。在美國，透過衛星向全國播送節目的電視台被稱為超級電視台。透納的超級電視台想盡一切辦法提高收視率，爭取更大的商機。

一九七六年，透納以二千二百五十萬美元的價格買下亞特蘭大「勇士」棒球隊五年的電視轉播權，該項活動是美國人最喜愛的體育活動之一，不愁沒有觀眾。正如公司一名主管所說：「它改變了我們初出茅廬的電視台形象，並促使人們不得不收看我們的節目。」

透納超級電視台(衛視)的知名度越來越高，開辦當年，擁有二百萬用戶，以後，每月新增五萬用戶者。透納擁有如此龐大的電視觀眾，自然吸引了全國各地的廣告商，源源不斷的廣告費用為透納帶來了巨大的財富，超級電視台的價值高達四千萬美元。

而真正讓透納載入史冊揚名天下的，還不是上述這些事情，而是建立全天候有線新聞電視網—CNN。

美國早期的電視業同行，都遵守一個慣例：盡量減少新聞的播送時間，因為它幾乎沒有多少經濟效益。特德．透納也不例外，盡量將新聞時間壓縮在政府規定的最低時限，大量播放娛樂等節目，以提高收視率，再贏得商業廣告。

然而，世界經濟一體化，人們越來越關注國內外的重大事件，也越來越喜歡收看新聞，尤其是比較客觀的新聞報導。這種變化在電視同行中並沒有多少人察覺到，相反，透納卻敏銳的感受到，又一個致富的商機出現。他突發奇想：創辦一個二十四小時的新聞節目，獨佔新聞播送的先機，在此基礎上獲得更豐厚的商業利益。

全行業都在壓縮新聞播出時間，透納卻要全天播送新聞，破天荒！消息傳出，美國各大電視網都採取了嘲諷的態度，等著看笑話。美國廣播公司的節目顧問邁克．單恩公開批評說：「透納清醒的航行的時代一去不復返。」《華盛頓郵報》進而無情的嘲諷：「透納對電視新聞的瞭解不過是坐井觀天。」透納公司的職員也坐不住了，紛紛上書忠告：「透納，請別對我們做這件事！如果您執意從事這種大規模的冒險，您將搞垮整個公司。」公司資深元老、精明的會計師不惜向透納提出精確的預算：「如果投入此專案，每月虧損將超過百萬美元。」

透納固執己見，投資二百萬美元創辦電視新聞頻道，但杯水車薪。巨大的資金缺口讓人們再次預言：「透納的失敗為期不遠。」然而，他沒有投降，要用智慧來贏得新的資金的注入。經過反覆的遊說，透納成功的說服漢華實業銀行和花旗銀行，在三年內給透納廣播系統公司貸款五千萬美元，當然，他每年必須多付出三百萬美元的利息，以公司三年的廣告收入做擔保。

開播前半年，透納一直焦頭爛額，投下巨資，毫無起色，虧損在不斷的增加。他開始變賣自己的家產，賣掉了夏洛特市的三十六頻道電視台，仍無濟於事。職員對透納表示強烈不滿，因為數月沒有發薪水。為了平息即將爆發的火山，他不得不將自己珍藏的每枚重一盎司的南非金幣兌換成現金，以解燃眉之急……透納陷入迷茫，自言自語：「我是否瘋了？」

透納沒有選擇，只能戰鬥到最後為止。一九八〇年六月一日，有線電視新聞網正式開播，二十四小時播送直接的和未經編輯的新聞，這是一種全新的電視新聞形式。

一九八一年十二月，新聞摘要台進行二十四小時連續播出，它是ＣＮＮ新聞的壓縮版，每三十分鐘更新一次內容。透納十分珍愛的說：ＣＮＮ是「一份觀看的報紙」，「新聞摘要台是最重要的新聞報紙」。

一九八二年四月，ＣＮＮ正式開播二十四小時新聞節目，商業財富無時無刻不向他招手，因為訂戶高達一百萬戶。

一九八四年，美國總統大選，ＣＮＮ進行二十四小時實況轉播，大出風頭。對此，有人評論：「就真實新聞而言，美國廣播公司、哥倫比亞廣播公司和全國廣播公司這三大巨頭基本上讓公眾空手而歸，而ＣＮＮ則證明了自身的價值。」這種價值就是眾望所歸，透納收穫了榮譽也收穫了財富。

ＣＮＮ由此走向了世界。

別人做不到的事情並不一定你也做不到，以前沒有人能夠做到的事情今天並不見得不能做到。市場需求和成熟可行的行動方案是必備條件，只要看準自己的路，堅持走下去，必然會取得成功。

**國家圖書館出版品預行編目資料**

世界第一商人：猶太人的經商秘訣 / 唐華山著.
-- 臺北市：種籽文化, 2020.05

面； 公分

ISBN 978-986-98241-6-3(平裝)

1.企業管理 2.成功法 3.猶太民族

494　　109005534

小草系列　28

# 世界第一商人:猶太人的經商秘訣

作者 / 唐華山
發行人 / 鍾文宏
編輯 / 種籽編輯部
行政 / 陳金枝

出版者 / 種籽文化事業有限公司
出版登記 / 行政院新聞局局版北市業字第1449號
發行部 / 台北市虎林街46巷35號１樓
電話 / 02-27685812-3傳真 / 02-27685811
e-mail / seed3@ms47.hinet.net

印刷 / 久裕印刷事業股份有限公司
製版 / 全印排版科技股份有限公司
總經銷 / 知遠文化事業有限公司
住址 / 新北市深坑區北深路3段155巷25號5樓
電話 / 02-26648800傳真 / 02-26640490
網址：http://www.booknews.com.tw(博訊書網)

出版日期 / 2020年05月　初版一刷
郵政劃撥 / 19221780戶名：種籽文化事業有限公司
◎劃撥金額900(含)元以上者，郵資免費。
◎劃撥金額900元以下者，若訂購一本請外加郵資60元；
劃撥二本以上，請外加80元

定價：280元

種籽文化

種籽文化